畜禽养殖主推技术丛书

肉鸡养殖
主推技术

陈大君　杨军香　主编

中国农业科学技术出版社

图书在版编目 (CIP) 数据

肉鸡养殖主推技术 ／ 陈大君，杨军香主编. —北京：中国农业科学技术出版社，2013.6

（畜禽养殖主推技术丛书）

ISBN 978-7-5116-1230-4

Ⅰ．①肉… Ⅱ．①陈… ②杨… Ⅲ．①肉用鸡－饲养管理 Ⅳ．① S831.4

中国版本图书馆 CIP 数据核字 (2013) 第 040503 号

责任编辑	闫庆健　　李冠桥
责任校对	贾晓红

出 版 者	中国农业科学技术出版社
	北京市中关村南大街 12 号　　　　邮编：100081
电　　话	(010) 82106632（编辑室）　(010) 82109704（发行部）
	(010) 82109709（读者服务部）
传　　真	(010) 82106625
网　　址	http://www.castp.cn
经 销 商	各地新华书店
印 刷 者	北京顶佳世纪印刷有限公司
开　　本	787 mm × 1 092 mm　1/16
印　　张	9.25
字　　数	219 千字
版　　次	2013 年 6 月第 1 版　　2013 年 6 月第 1 次印刷
定　　价	39.80 元

编委会

肉鸡饲养业在我国有着漫长的历史，改革开放后，肉鸡产业持续高速增长，从小规模分散饲养逐步向规模化、标准化饲养转变，并初步形成集种鸡育种、饲料生产、肉鸡饲养、屠宰加工、冷冻冷藏、物流配送及批发零售等环节为一体的产业化经营模式，成为我国畜牧业中市场化、产业化程度最高的行业。

2011年，我国禽肉产量1708.8万吨，同比增长3.2%，占肉类总产量的比重约21.48%，位居世界第二位。目前，肉鸡养殖仍然是我国农民的重要生计之一，是我国农业及农村经济发展的重要支柱产业。据行业统计，年存栏10万只以上的肉鸡规模化养殖比重达到24.54%，比2010年提高了2.77%。但小规模分散养殖的比重仍然偏高，2011年出栏1万只以下的养殖场（户）仍占30.71%，其设备简陋，管理不规范，生物安全保障不到位，死淘率高，生产性能难以充分发挥。因此，促进肉鸡业持续健康发展，对于促进产业进步，增加农民收入，增强我国畜产品在进出口贸易中的竞争力等具有重要的战略意义。

为了进一步推动肉鸡标准化规模养殖，促进养鸡业可持续健康发展，全国畜牧总站组织各省畜牧总站、高校、研究院所的专家20余人，经过会议讨论、现场调研考察等途径，深入了解分析制约我国肉鸡产业健康发展的关键问题，认真梳理肉鸡产业的技术需求，总结归纳了大量的肉鸡养殖典型案例，从而凝练提出了针对不同养殖环节适宜推广的主推技术，编写了《肉鸡养殖主推技术》一书。该书主要内容包括：种鸡高效繁育技术、生态安全型肉鸡

前言

Preface

场建设与设施配套技术、肉鸡饲料营养及加工主推技术、饲养管理技术、环境控制技术和疫病防控技术 6 个方面共 22 项主要技术。对于提高我国肉鸡业的标准化、规模化养殖水平，提升基层畜牧技术推广人员的科技服务能力和养殖者的劳动技能、生产管理水平具有重要的指导意义和促进作用。

该书图文并茂，内容深入浅出，介绍的技术具有先进、适用的特点，可操作性强，是各级畜牧科技人员和肉鸡养殖场（户）生产管理人员的实用参考书。

本书参考了有关省区的部分资料，在此表示感谢！由于编写时间仓促，书中难免有疏漏之处，请读者批评指正。

编者

2013 年 3 月

Contents

目 录

目录 —————— Contents—————————

Contents 目录

目录

Contents

第一章 种鸡高效繁育技术

优良的品种和健康的鸡苗是肉鸡生产的基础。具有优良生产性能的品种培育离不开高效的育种技术，要想获得大量健康的鸡苗也离不开高效的繁殖技术，种鸡高效繁育是肉鸡生产可持续发展的源泉。

第一节 种鸡高效选育技术

一、概　述

20 世纪 80 年代以前我国的肉鸡生产主要以各地区的地方品种为主。80 年代初期，我国开始从国外引进快大型白羽肉鸡品种，并逐渐占据市场主导地位。从 90 年代初开始，我国自主培育的优质肉鸡配套系发展迅速，现在的饲养量已超过白羽肉鸡。这些优质肉鸡配套系主要分为快速型、中速型和慢速型，分别满足不同消费人群的需求。随着人们生活水平的提高，肉质优良的地方品种和利用这些地方品种培育的慢速型肉鸡配套系得到快速发展的机会，并逐渐成为新的增长点。快大型白羽肉鸡都为配套品系，生产性能优异，在我国只是生产应用，不需要进行选育，但我国地方品种普遍存在生长缓慢、产蛋性能差、羽色杂、整齐度差和有就巢性等问题，亟需加强选育来提高生产性能。无论是培育哪种类型的配套系首先要具有一定的培育背景，也就是区域性消费需求或潜在市场，并据这些来确定育种目标、搜集育种素材、建立基础群、制定选育方案、培育专门化品系、进行配合力测定、筛选最佳组合、进行扩群试验、确定配套系组合、配套相关饲养管理技术，然后中试与推广应用。

1. 培育背景

优质肉鸡的概念是相对于国外快大型肉鸡而言的，通常指含有地方鸡种血缘、生长较慢、肌肉品质优良、外貌和屠体品质适合消费者需求的地方鸡种或仿土鸡。主要特色为外貌美观，肌肉含一定量的脂肪，风味口感较好，适应性好，饲养周期较长，适合传统工艺加工。实际上，优质肉鸡是指包括黄羽肉鸡在内的所有有色羽肉鸡，但黄羽肉鸡在数量上占绝大多数，因而习惯上用"黄羽肉鸡"代替了"优质肉鸡"这一词。目前，优质肉鸡分布于全国各地，其消费市场主要集中在广东、广西、海南、福建、上海、江苏、浙江以及港、澳等南方地区。

优质肉鸡按照体重和生长速度可以分为 3 种类型，即快速型（快长型、快大型）、中速型（仿优质型）和慢速型（特优质型），呈现多元化的格局，不同的市场对外观和品质有不同的要求。

快速型：以上海、江苏、浙江、安徽和山东等省市为主要市场。要求 42 ～ 49 日龄的公母鸡平均上市体重为 1.5 ～ 1.7 千克，冠大的小公鸡最受欢迎。该市场对生长速度要求

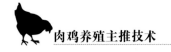

较高，对"三黄"特征要求较为次要，黄、麻羽均可，胫色以黄为主，安徽和山东两省青睐青色。

中速型：以香港、澳门、广东和广西壮族自治区（以下称广西）为主要市场，内地市场有逐年增长的趋势。这些地区偏爱接近性成熟的小母鸡，公鸡消费量很小。要求母鸡80～100日龄上市，体重1.5～2.0千克，冠红、脸红、毛色光亮，具有典型的"三黄"特征。

慢速型：以香港、澳门、广东、广西和海南为主要市场，内地中高档宾馆饭店、高收入人员也有需求。要求母鸡110～130日龄上市，体重1.5～1.6千克，冠红、脸红、羽毛光亮，胫黄或白，且较细短，羽色随鸡种和消费习惯而有所不同，公鸡消费量很小。饲养的多为各地优良地方鸡种，如广西三黄鸡、文昌鸡、清远麻鸡等。

2. 确定育种目标

育种应根据培育背景，即市场需求来制订育种目标。明确培育品种（配套系）的外貌要求，包括体型、羽色、羽速、胫色、胫高、肤色、毛孔、冠型、冠高等；商品鸡上市日龄，公母鸡上市体重，饲料转化率，屠宰性能、成活率等；父母代繁殖性能。

3. 搜集育种素材

根据育种目标来搜集所需育种素材，多为地方品种、国外引进品种（品系）和国内其他配套系的专门化品系，也可按需要合成品系。

4. 建立基础群

将搜集来的每个育种素材进行整理后组建家系称为基础群，每个品系家系数不少于40个，合成系需选育稳定后才能建立基础群。

5. 制订选育方案

建立基础群后，应针对各品系的功能和特点制订相应的选育方案开展选育工作。父本重点选育早期生长速度，兼顾外貌特征和繁殖性能；母本重点选育繁殖性能，兼顾外貌特征和早期生长速度。制订选育方案时必须明确每次选种时间、选种要求和选种方法。

6. 培育专门化品系

各基础群经定向选育后成为专门化品系，各品系间要生产性能差异显著，特点鲜明，功能明确。

7. 进行配合力测定

将各专门化品系进行杂交组合，测定配合力，一般进行二元、三元杂交组合，也可进行四元杂交组合。比较各组合后代的体型外貌、生长速度、饲料转化比等，计算杂交优势。

8. 筛选最佳组合

通过配合力测定，筛选体型外貌和生产性都能满足市场需要的最佳组合。

9. 进行扩群试验

将筛选出的最佳组合进行扩群试验，验证生产性能是否稳定、准确。

10. 确定配套系组合

通过扩群试验验证最佳组合生产性能后，便可确定配套系组合。

11. 配套相关饲养管理技术

不同生产性能的配套系饲养管理要求也不同，必须研究发挥配套系组合最佳生产性能的饲养管理要求，并形成配套系标准，为以后的生产应用提供参考。

12. 中试与推广应用

已确定的配套系组合必须在本场和其他养殖场（养殖户）进行中试与推广应用，检验配套系市场接受程度，分析养殖效益。

二、特　点

通过系统、科学的选育，可显著提高我国地方品种的生产性能，提高鸡群一致性和整齐度。具有杂交优势的配套系应用可大幅降低鸡苗成本。产蛋性能较高的品系用作配套系母本，可生产较多的苗鸡；早期生长速度较快，而繁殖力低的品系用作父本，可使商品代具有良好的产肉性能。这样就解决了产肉性能和繁殖力的矛盾。

三、成　效

应用高效育种技术培育的优质肉鸡配套系生产性能突出，产品符合国人消费习惯，逐渐成为肉鸡生产的主打品种。到目前为止，我国自主培育的肉鸡配套系通过国家审定的近40个，这些配套系有不同类型，有生长快、料肉比低的快速型黄羽肉鸡，有以母鸡消费为主的中速型肉鸡，还有以肉质优良、风味独特而著称的慢速型肉鸡，以及针对特定市场需求的青脚鸡。它们能满足不同市场和消费者的需求，已逐渐成为肉鸡生产的主流产品，对肉鸡生产贡献巨大。

四、案　例

下面以刚通过国家新配套系审定并已获得国家畜禽新配套系证书的"潭牛鸡"配套系为例，详细介绍以地方品种为素材培育优质肉鸡配套系的选育流程及选育要点。

1. 培育背景及目标

"潭牛鸡"配套系是海南（潭牛）文昌鸡股份有限公司针对海南特定市场需求而培育的特优质型肉鸡配套系。海南节日或招待来客时，历来有"无鸡不成席"之说，且只认可已达性成熟的母鸡，对羽毛颜色要求也较高。文昌鸡是优质的地方肉用鸡种，列海南四大名菜之首。具有"三小两短"（头小、颈小、脚小、颈短、脚短）及早熟易肥的特征，其肉质鲜美嫩滑。但是，没有经过选育的文昌鸡毛色较杂，体重整齐度差，繁殖性能较低，饲料报酬差，饲养效益受到制约，不利于规模化生产。随着人民生活水平的不断提高以及海南旅游岛的发展，优质型肉鸡消费量会逐渐加大。加上海南、广东、香港都是以母鸡消费为主，规模化生产后，人工雌雄鉴别导致的鉴别率不高，损耗较大，人工成本较高等不利因素也制约了生产的发展。所以，培育一个外貌特征符合当地消费习惯，生长较快，繁殖性能高，早熟易肥，且能羽速自别雌雄的优质型配套系是适应市场的需要。

配套系选育目标是在保持文昌鸡优良肉品质的同时，提高繁殖性能和肉用性能。父母代56周龄入舍母鸡产蛋数达155个以上；商品代能羽速自别雌雄，母鸡110天达到上市要求，羽色以黄麻为主，胫较短，上市体重为1.5～1.6千克，饲料转化比(3.5～3.7)：1，成活率97%以上。

2. 配套模式

潭牛鸡采用二系配套模式，父本为K系，为快羽快长系；母本为M系，为慢羽高产系。配套模式如下所示：

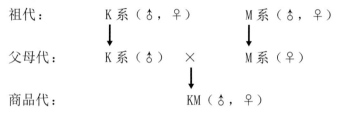

祖代：　　　　K系(♂，♀)　　　　M系(♂，♀)

父母代：　　　K系(♂)　　×　　　M系(♀)

商品代：　　　　　　　　KM(♂，♀)

3. 选育程序

为获得生产性能好，体型外貌符合市场要求的配套品系，采用专门化品系育种方法，培育配套的各个品系。其中父系注重选择生长速度，母系注重选择产蛋性能。

具体的选育程序：

1日龄选种：选留体格健壮的快羽雏鸡，出雏苗鸡记录亲本号、戴翅号。

10周龄选种：体型、外貌（羽色）、胫长、第二性征发育是主要的选择性状。选择体型外貌符合品种特征的个体，重点淘汰白羽和黑羽鸡、冠较小、尾羽太长、体型过大和生长发育不良的个体。根据本品系的体重标准确定上下限，把符合育种要求的个体留下，进入下一阶段的性能测定。

16周龄选种：根据个体的生长发育状况进行测定，重点是均匀度、第二性征发育、胫长。淘汰体重过大、过小、尾羽太长的个体。

上笼时，对鸡群要进行性成熟的选择，以鸡冠的发育情况为依据，按照组建家系群的数量选留，对符合育种目标的个体转入个体产蛋笼。公鸡的选留按家系的系谱查询，选择性成熟最好的个体留种。

38周龄的选种：根据个体记录的数据，统计各个母鸡和家系的产蛋性能，包括产蛋数和蛋重。采用家系选择与个体选择相结合的选择的方法。

统计38周龄各家系的产蛋数和蛋重，按育种要求选出优秀的家系和优良个体。蛋重过大和过小的个体实行独立淘汰。有就巢性的个体实行独立淘汰。配种前，选留各家系内同胞母鸡产蛋数多的公鸡，对选留的公鸡逐只进行精液品质的测定，根据公鸡精液品质（包括采精量和精子活力）的优劣，确定留作种用的公鸡。

4. 选育结果

经二元和三元杂交组合的配合力测定，最终确定K系(♂)× M系(♀)为生产应用配套组合。

（1）外貌特征及特性

商品代体型紧凑、匀称，呈楔形，性成熟早。单冠，冠、肉髯、耳叶呈红色。皮肤呈淡黄色，胫呈黄色。公鸡羽毛以红色为主，颈部有金黄色环状羽毛带，尾羽松散或平直，呈黑色；母鸡羽毛以黄麻羽为主，部分黄羽，尾羽微翘或平直。雏鸡绒毛呈黄色，部分雏鸡背部有黑线脊。

（2）配套系的生产性能

由于性成熟早，不限饲鸡群16周龄便开产，限饲鸡群可控制在18～19周龄开产，23～24周龄达产蛋高峰，56周龄入舍母鸡产蛋数155～160个，种蛋平均受精率92%～95%，入孵蛋平均孵化率86%～88%，产蛋期存活率94%～96%，淘汰母鸡体重1.75～1.8千克。

商品代公鸡13周龄体重 1.4～1.5千克，饲料转化比（3.0～3.2）:1；母鸡16周龄体重1.5～1.6千克，饲料转化比（3.5～3.7）:1，成活率97%～98%。

5. 中试推广情况

为了"潭牛鸡"配套系能在生产中推广应用，使其尽快转化为现实生产力，公司制订了品种标准和各项饲养标准，通过配套技术的集成与组装，在海南各进行示范饲养，通过饲养让用户了解配套系的生产性能，再通过示范户带动作用，扩大配套系的饲养量。不断地提高产品的市场知名度与影响力。商品代苗鸡主要销往海南全岛。其均匀度、成活率、料肉比、抗病力、鸡肉品质等方面受到广泛认可。公司年推广商品苗鸡6000多万只。

第二节 种鸡人工授精技术

一、概 述

种鸡人工授精从 20 世纪 90 年代以来在许多规模化的养殖企业普遍推广应用。这是一项操作技术性很强的工作。包括种公鸡的选择及训练、用具准备、采精、精液品质检查、精液稀释、输精等技术。

（一）种公鸡的选择及训练

受训公鸡单笼饲养 3～4 周。在训练前，剪除肛门周围 2 厘米左右的羽毛。在配种前 2～3 周，开始采精训练，将公鸡逐只捉出，反复进行背部按摩，使其建立条件性反射。按摩方法是左手掌向下，贴于公鸡背部，从翼根向背腰部，由轻渐重推至尾羽区，按摩数次，即引起公鸡的性反射。采精宜在相对固定时间进行，每天 1 次或隔天 1 次，一旦训练成功，则应在固定时间采精。经 3～4 次训练，大部分公鸡都能采到精液。经多次训练仍不能建立条件反射的公鸡应淘汰。公母比例为 1:（20～30）。

（二）用具准备

将集精杯、采精杯、输精器等器具用洗涤剂洗刷污垢，用水冲洗干净，再用蒸馏水冲洗 1～2 次，然后用沙布包好，放入消毒锅或消毒柜消毒 15～30 分钟，烘干备用。

（三）采精

采用按摩采精法。通常由 2 人操作，1 人保定公鸡，1 人按摩与收集精液。可连采 3～4 天后停采 1 天。正常情况下，每只公鸡每次采精量为 0.3～0.6 毫升，正常的鸡精液为乳白色，精液中混有尿酸盐时会出现絮状物

（四）精液品质检查

1. 外观检查

正常精液为乳白色不透明液体。混入血液为粉红色；被粪便污染为黄褐色；尿酸盐混入时则呈粉白色棉絮状；过量的透明液混入则有水泽状；凡受污染的精液品质急剧下降，受精率不会高。

2. 活力检查

采精后 20～30 分钟内进行，取精液及生理盐水各一滴，置于载玻片一端混匀，放上盖玻片。精液不易过多，以布满两片空隙不溢出为宜。在 37℃用 200～400 倍显微镜检查，直线前进运动，有受精能力；圆周运动、摆动两种方式均无受精能力；活力高、密度大的精液呈旋涡翻滚状态。

（五）精液稀释

通常可用原精液输精。如果要稀释，可用生理盐水（0.9%的氯化钠溶液）、葡萄糖生理盐水或专用精液稀释液。稀释比例以1∶1为宜。采精后应尽快稀释，将精液和稀释液分别装于试管中，并同时放入30℃保温瓶或恒温箱中，使两者温度相等或相近。稀释时稀释液应沿装有精液的试管壁缓慢加入，轻轻转动，使均匀混合。加入稀释液后不能急速晃动或用吸管、玻璃棒快速搅动，以免精子的颈部断裂。

（六）输精

一般安排在每天14∶00～18∶00进行，夏季可安排在15∶00～19∶00。每次输精输入原精液0.025～0.03毫升。母鸡接受第一次输精时或产蛋后期的输精量应该加倍。从泄殖腔翻开后露出的输卵管开口处起，输入的深度为2～3厘米。间隔4～5天输精1次。产蛋后期或夏季可3～4天输精1次。

如果有条件，鼓励采用一鸡一管输精技术（图1-1）：即输精时采用移液管，每只母鸡配1个管套。操作方法：先用棉布缝制一张能插入数百个管套的围裙（图1-2），装输精人员将所有消毒好的管套插入特制的围裙中，将围裙扎在前面，特制围裙的侧面挂一个装用过管套的器皿，即可进行一鸡一管输精操作（图1-3）。

图1-1 一鸡一管输精

图1-2 特制围裙

图1-3 输精过程

二、特 点

本项技术的特点是效率高,能充分发挥笼养种鸡的优势。关键是输精人员要有责任心、有耐心、操作要细心;同时加强种公鸡的饲养管理至关重要,要调配好公鸡的日粮,种公鸡使用较勤时,应适当地增加其日粮中蛋白质含量和多种维生素,特别是维生素A、维生素B_1、维生素B_2以及微量元素;掌握正确的输精方法是提高受精率的又一决定性因素。

三、成 效

①可以提高种蛋受精率,使全程受精率达 92% ~ 95%,雏鸡成本下降 10% 左右,种蛋饲料消耗降低 10% 左右。

②可以减少公鸡饲养只数,扩大公母配种比例,一只公鸡可配 25 ~ 30 只母鸡,节约饲料降低成本,笼养还可节约垫料。

③可及时挑出寡产鸡淘汰,降低成本,并及时发现疾病和饲养管理存在问题。

④采用一鸡一管输精技术能有效防止母鸡之间的疾病交叉感染。对鸡白痢等种源性疾病的净化十分有利。

四、案 例

广西金陵农牧集团有限公司是国家肉鸡产业技术体系南宁综合试验站建设依托单位,农业部肉鸡标准化示范场,广西农业产业化重点龙头企业。自主培育的品种有金陵黄鸡、金陵麻鸡、金陵乌鸡、金陵花鸡、金陵黑凤鸡等 5 个新配套系,其中,金陵黄鸡、金陵麻鸡于 2009 年获得国家畜禽遗传资源委员会颁发的畜禽新配套系书。目前,父母代种鸡存栏 70 多万套。该公司 1999 年以来采用人工授精技术,公母比例 1:(25 ~ 30),每隔 4 ~ 5 天输精 1 次,2 ~ 3 人操作每天可输精 1500 ~ 2000 只母鸡,平均受精率达到 94% ~ 95%。2006 年开始采用一鸡一管输精,受精率提高到 95% ~ 96%,母鸡死淘率从 11% 下降到 8%。

第三节 种鸡高效孵化技术

一、概 述

鸡的孵化有天然孵化和人工孵化两种形式。现代种鸡生产主要是依靠人工孵化。大约在 2000 多年前，我国就开始人工孵化。20 世纪 80 年代以来，随着肉鸡业的大发展，大中型的孵化机迅速发展，并向自动化、规格型号多样化方向发展。

本项技术主要介绍孵化厂房的科学布局，种蛋的来源与要求，人工控制孵化条件的操作方法，包括种蛋的收集、选择、保存，入孵前准备，孵化条件，翻蛋，照蛋，落盘，出雏等关键环节。

（一）孵化厂房的科学布局

孵化厂房与种鸡场独立隔开、保温隔热良好、配备种蛋消毒与贮存、孵化、出雏、雏鸡存放等功能区域，出雏和雏鸡存放车间还应配备绒毛处理设备。

（二）种蛋的来源与要求

1. 种蛋来自无蛋源性传染病的健康种鸡群

种鸡群做好鸡白痢净化、新城疫、禽流感等疫病防控。核心群种鸡白痢阳性率控制在 0.5% 以下；新城疫、禽流感抗体水平在 1∶64 以上。

2. 多次收集种蛋并及时消毒

每天收集种蛋 3 次到 4 次并对刚收集的种蛋采用熏蒸消毒，将种蛋放入密闭室或箱内，按每立方米空间用福尔马林 14 毫升和高锰酸钾 7 克熏蒸 30 分钟；入孵前的种蛋采用喷雾法或浸泡法消毒，用 0.1% 的新洁尔灭水溶液喷洒蛋表面或浸泡种蛋 1 分钟。

（三）人工控制孵化条件的操作方法

1. 种蛋的收集、选择、保存

开产后 3 ～ 4 周可选留入孵种蛋，蛋重，壳色符合品种要求，蛋形正常，壳厚薄适中，表面平整清洁。保存的适宜温度为 15 ～ 18℃；相对湿度为 70% ～ 75%；保存时间以 3 天内为宜，最长不超过 7 天。

2. 入孵前准备

逐一检查孵化机的每个系统，校正各机件的性能，并试机 1 ～ 2 天，一切正常方可入孵；同时对所有设备和用具彻底冲洗干净，然后用新洁尔灭溶液擦拭，再用福尔马林和高锰酸钾熏蒸消毒。

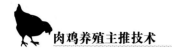

3. 孵化条件

温度：1～18 天 37.8℃；19～21 天 37.3～37.5℃。

湿度：1～18 天 55%～60%；19～21 天 65%～70%。

通风：通过调节通气孔大小来调节通风量，前期要求通风量较小，第 5 天以后逐渐增加通风量。

4. 翻蛋

1～18 天每 2 小时翻蛋 1 次，翻蛋角度为 45°，19 天以后停止翻蛋。

5. 照蛋

第一次在第 5 天进行，第二次在第 18 天进行，分别将无精蛋，死胎蛋剔除。

6. 落盘

第 18 天照蛋后进行。将蛋从孵化机转移到出雏机。

7. 出雏

规模化孵化厂一般等雏鸡出壳基本完成时进行一次性出雏。

二、特　点

本项技术的特点是成本低、效率高，能大量节省母鸡自然孵化的时间从而大幅度提高生产水平。

三、成　效

1. 提高劳动效率

由于全过程采用机器操作，自动控制孵化条件，大幅度节省劳动力和劳动强度。

2. 提高生产水平

机器孵化实现了规模化生产，孵化率和健雏率较高。

四、案　例

广西良凤农牧有限公司是广西首家获得国家级配套系证书的自治区重点种禽场，目前存栏良凤花鸡父母代 25 万套，年孵化鸡苗 3500 万只。2005 年对老的生产布局进行了调整，把孵化车间搬离种鸡生产区，单独设立新的孵化场，购进先进的巷道式孵化机，经过这几年的发展，取得如下成效。

1. 非常适合工厂化、规模化生产

每台孵化机容量为 90720 枚种蛋，每批可以入孵 15120 枚种蛋，分六批入孵，每台孵化机年可入孵 158 万枚种蛋。

2. 孵化设备占地少

相对于单体式孵化机，巷道式孵化机占地少 1/3 以上。

3. 孵化场温度稳定

新的孵化场内环境温度由中央空调进行调节控制，温度基本恒定，比较有利于孵化机发挥良好的孵化性能。

4. 节能降耗

巷道式孵化机耗电量是单体式孵化机的 40%，约耗电 0.04 度 / 羽。

5. 孵化性能稳定

入孵蛋孵化率比原来高 1.5% 以上。

6. 鸡苗质量稳定

鸡苗出壳集中，均匀度好，健雏率高。

7. 降尘除绒毛，减少污染

出雏机有降尘除绒毛系统，大大降低绒毛及尘埃的飞扬，能减少污染，净化工作环境。

第四节 肉鸡生产性能测定技术

一、概 述

进行肉鸡育种时必须测定肉鸡生产性能,只有了解肉鸡真实生产性能才能进行有效选育和调整育种方案。生产中测定肉鸡生产性能时主要依据《家禽生产性能名词术语和度量统计方法》(NY/T 823—2004)与《肉鸡生产性能技术测定规范》(NY/T 828—2004)进行。

(一)测定条件

1. 环境和设施

①鸡场的环境卫生质量应符合 NY/T 388 的要求,污水、污物处理应符合国家环保要求。

②鸡场的选址、建筑布局及设施设备应符合 NY/T 5264 的要求。

③自繁自养的鸡场应严格执行种鸡场、孵化场和商品鸡场相对独立,防止疫病相互传播。

④病害死禽的无害化处理和消毒分别按 GB 16548 和 GB/T 16569 的要求执行。

⑤鸡场防疫设施完善,无一类传染病感染,其他健康水平指标符合国家和当地政府主管部门的要求。

⑥用于测定的鸡舍必须和其他生产鸡舍有一定的防疫隔离,保温、通风、采光等性能良好,面积足够且内部便于分组。

2. 饲养人员

测定时要有丰富饲养管理经验的技术人员参与,饲养管理人员必须经过相关饲养管理技术培训,通过考核后方能参与测定工作。饲养人员必须掌握现场饲养全过程,能严格按照鸡测定技术规程进行操作,认真准确地填写原始记录。

3. 检测仪器

检测过程中使用的常规仪器设备要进行检定,并有检定证书、校准报告(表 1-1)。

表 1-1 检测仪器的量值要求及检定周期一览表

仪器名称	数量	用途	技术要求		检定周期	检定结果
			量程	分辨力		
电子秤	1	称重	0～3千克或0～6千克	1克	一年	合格
电子秤	1	称重	0～15千克	5克	一年	合格
磅秤	1	称重	0～100千克	50克	一年	合格
游标卡尺	1	量长度	0～150毫米	0.1毫米	一年	合格
光控仪	1	光控	—	—	半年	合格
孵化机	1	孵化	—	0.01℃	一年	合格

4. 测定条件评估

在测定前必须进行测定条件评估，经评估合格后方可进行测定。

（二）测定项目

1. 生产性能

（1）种鸡

取样种蛋的受精率、孵化率、健雏率；

开产日龄、66 周龄产蛋量（HH、HD）、产合格种蛋数（HH、HD），种蛋受精率、孵化率、健雏率、（32 周龄、44 周龄、64 周龄平均值）；

0 ～ 24 周龄存活率、25 ～ 66 周龄存活率，0 ～ 24 周龄只耗料量、25 ～ 66 周龄只周耗料量；

平均体重（24 周龄、44 周龄、66 周龄平均值）。

（2）商品肉鸡

①速生型肉鸡

取样种蛋受精率、孵化率、健雏率；

初生重、7 周龄平均体重；

存活率、饲料转化比；

屠宰率、腹脂率、胸肌率、腿肌率。

②中速型肉鸡

取样种蛋受精率、孵化率、健雏率；

初生重、12 ～ 14 周龄体重；

存活率、饲料转化比；

屠宰率、腹脂率、胸肌率、腿肌率。

③慢速型肉鸡

取样种蛋受精率、孵化率、健雏率；

初生重、16 ～ 18 周龄体重；

存活率、饲料转化比；

屠宰率、腹脂率、胸肌率、腿肌率。

2. 其他

生产单位可以根据育种的需要增加其他的检测项目。如体尺、胫长、肉品质常规等。

（三）测定方法

1. 种蛋取样

（1）抽样地点

种蛋取样可以在育种场、祖代场、父母代场等公司的直属场进行。

（2）抽样方法

抽取与供测品种（配套系）名称一致的种蛋，抽样种蛋必须标注测定标记。取样种蛋要求在 3 天内入孵。

2. 数量与重复

肉鸡生产性能测定要求最少设有3个重复，受测最少数量见下表（表1-2）。

表1-2 鸡性能测定最少数量

代次		抽样蛋数（个）	入孵蛋数（个）	育雏、育成期鸡数		产蛋期鸡数	
				测定总数（只）	重复	测定总数（只）	重复
种鸡	品种（系）	900	750	240	3	180	3
	配套系 父系	240	180	60	3	26	3
	配套系 母系	900	750	240		180	
	商品肉鸡	750	600	360	3		

3. 种蛋消毒、孵化、出雏

（1）种蛋消毒

种蛋取样后，在0.02%高锰酸钾或0.1%新洁尔灭溶液中清洗消毒晾干。

（2）孵化

孵化期间严格按操作规程做好各项工作，尤其要做好消毒工作。在入孵24小时内、上摊后都要认真进行熏蒸消毒。

（3）出雏

出雏时受测鸡都必须带上测定专用翅号，然后随机分为3组。

4. 饲养管理

（1）饲养方式

肉鸡生产性能测定可根据品种和现实条件的不同采用地面垫料平养、网上平养、笼养或两高一低等饲养方式。

（2）饲养密度

①种鸡：育雏期每平方米16只以内，育成期每平方米7只以内，产蛋期每平方米5只以内，产蛋期笼养每笼2只。

②商品肉鸡：速生型肉鸡每平方米10～12只，优质型肉鸡每平方米10～18只。

（3）育雏温度 育雏温度见下表（表1-3）。

表1-3 育雏温度

日龄（天）	温度（℃）
1～2	33～34
3～4	31～32
5～7	30～31
8～14	28～29
15～21	26～27
22～28	23～25
29～35	20～21

（4）体重控制

根据不同品种和季节按饲养管理手册要求执行。

（5）通风换气

合理的通风换气是为了供给鸡足够的新鲜空气，排除鸡舍内的湿气、二氧化碳、氨气等有害气体，保持鸡群良好的健康状况和生长速度。要求人进入鸡舍不感到闷气和刺激眼鼻为好。适当开启朝南窗户，在鸡饮水采食时进行通风换气，冬天在中午进行。

（6）光照管理

根据不同品种和季节按饲养管理手册要求执行。

（7）防疫消毒

根据各鸡场的具体情况做好鸡群的免疫接种工作。

定期进行带鸡消毒，用于消毒的药品有 0.2% 过氧乙酸、0.1% 新洁尔灭、0.1% 次氯酸钠等，正常情况下每周消毒一次。

（8）饲料

优先使用来自商用饲料生产厂家的，具备注册商标、执行标准、包装、标识等法定文本的全价饲料。饲料的营养成分要能满足受测鸡生长、发育要求。

如因生产需要必须使用自配料的必须提供饲料配方和营养成分检测证明，各期使用饲料要有留样，以备复查。

（四）测定记录

1. 测定记录档案的建立

进行测定的记录表格必须规范，建立的测定记录档案包括：采样记录表、种蛋消毒记录表、种蛋孵化记录表、种蛋孵化温度原始记录表、现场测定日报表（内容有日期、日龄、存栏、死淘数、温度、喂料量、退料量、产蛋量、蛋重、健康状况等）、周报表、免疫记录表、体重记录表、屠宰性能测定表、体尺测量记录表等。

2. 记录控制

所有数据记录在技术人员监督下进行。

3. 统计分析

统计分析应采用科学的记数方法和规定的统计方法进行。

（五）测定报告

测定的原始记录经分析统计后，由技术人员汇总、并编制测定报告。测定报告中注明所依据的标准或方法、饲料营养水平等信息。

二、特　点

通过对测定环境、设施、检测仪器、饲养人员的规范要求，测定方法的标准化，测定过程的严格管理，充分发挥肉鸡的生产潜力。

三、成　效

为品系选育和配合力测定提供真实可靠的测定数据，为品系的有效性选育和最佳组合的筛选奠定基础。

四、案　例

国内众多配套系的选育都离不开生产性能的现场测定，国家生产性能测定站进行肉鸡生产性测定时也依据此方法执行。

第五节 地方鸡种保护、开发与利用技术

一、概 述

我国地方鸡遗传资源丰富，在各级政府和广大人民群众的共同努力下，得到较好的保护、开发与利用，积累了丰富的经验。现将地方鸡遗传资源现状以及保护、开发与利用措施介绍如下。

（一）我国地方鸡遗传资源现状

我国具有全世界多样性最为丰富的地方鸡遗传资源。根据2006年全国畜禽遗传资源调查和"国家畜禽遗传资源委员会"审定（2010年），我国现有地方鸡品种107个，其中，肉用型18个，兼用型80个，蛋用型3个，玩赏型6个。我国地方鸡品种广泛分布于30个省、市和自治区，主要分布在南方各省市。在调查的地方鸡资源中新发现了一些珍稀基因。如云南省的瓢鸡无尾椎骨、尾棕骨、尾羽、镰羽、尾脂腺，俗称"闭毛鸡"；兰坪绒毛鸡全身羽毛呈丝状，似松针或山羊，俗称绒毛鸡。这些新资源及其珍稀基因的发现和鉴定，将进一步丰富我国地方鸡遗传资源的多样性，对满足多元化市场需求和我国优质鸡产业的可持续发展具有重要意义。

大部分地方鸡种生产性能特色不明显，体重中等偏小，产蛋量普遍较低。小体型和早熟性是我国地方鸡品种的特色。

地方鸡与外来快大肉鸡相比较，具有耐粗饲、适应性和抗逆性强、肉质风味好、产品质优价高等一系列优点。但是，随着社会经济的发展，在大量引进外来高产性能品种的同时，使我国许多优良的地方品种资源遭到了破坏，因此，我国地方鸡资源的保护任重道远。地方鸡遗传资源保护的目的是为了利用，对目前数量较少、濒危的地方鸡资源，虽然当前利用价值较低，但如不考虑开发利用，将明显影响其保护效果。因此，在对濒危地方鸡资源进行保护的同时，应该积极探索、寻找开发利用途径，采取主动保种战略，以促进和巩固保护效果。

（二）地方鸡品种遗传资源的保护措施

1. 品种资源受威胁状况

根据FAO建立的家禽品种濒危等级划分标准，对我国地方鸡遗传资源受威胁程度进行了如下分类。

危险状态：萧山鸡、峨眉黑鸡、黄山黑鸡、兰坪绒毛鸡、瓢鸡、雪峰乌骨鸡、云龙矮脚鸡7个品种。

脆弱状态：灵昆鸡、太白鸡、河南斗鸡、高脚鸡、矮脚鸡、北京油鸡、狼山鸡、大围山微型鸡8个品种。

濒危状态：金阳丝毛鸡、边鸡、浦东鸡、吐鲁番斗鸡、中山沙栏鸡5个品种。

濒临灭绝：彭县黄鸡。

灭绝：烟台糁糠鸡、陕北鸡。

2.品种资源的保护措施

根据品种资源自身价值以及现有规模与消长形式，在国家和地方各级政府层面上要采取不同的保护措施。第一，处于正常状态的一般资源，需要定期开展调查和监测群体的发展趋势，可以鼓励、引导有条件的企业和个人根据我国畜禽遗传资源管理法规，参与品种资源的保护。第二，对于重要和数量呈现大幅下降的资源，可由县级政府有关部门负责保护。第三，对于危险、脆弱的遗传资源，由省（区）政府有关部门负责保护。采集血液和组织样。保存基因组 DNA，监测遗传结构的动态变化。第四，对于濒危及濒临灭绝的遗传资源，由国家投资采取不同方式进行抢救性保护。采集血液和组织样，保存基因组 DNA，监测遗传结构的动态变化。第五，针对技术力量薄弱的保种单位，开展品种资源保护内容和保护方法培训，提升资源保护的科学性。

品种资源保护原则和方法。我国地方鸡种数量多、分布广，要对所有品种进行保护工作困难较大，因此，我国地方鸡遗传资源主要应实行分级保护。根据"重点、濒危、特定性状"的保护原则和急需保护品种资源的分布情况，由国家投入、地方匹配等多种渠道的集资方式，建成国家级地方鸡种资源基因库和地方性保种场，实施异地和原产地保护。

现阶段我国地方鸡资源保护主要采取保种场、保护区和基因库 3 种方式：①保种场是以活体保护为手段。在原产地建立的以保护地方鸡遗传资源为目的的单位；②保护区是指国家或地方为保护特定地方鸡遗传资源，在其中心产区划定的特定区域。除特殊地区外，地方鸡资源通常不采用保护区保护；③基因库是指在固定区域建立的以活体保护或低温生物学方法为手段，保护多个地方鸡遗传资源的单位（一般要求保存品种数量不少于 6 个）；基因库保种范围包括活体、组织样、基因物质等遗传材料。活体保存在今后相当长的一段时期内仍将是我国地方鸡资源保护采用的主要形式。活体保种是采用原产地建立保种场和保护区的方式进行活体保存，对鸡而言应以建立保种场形式为主。

保种的对象是群体而不是某些性状或基因，最大的群体是一个鸡种，最小的群体是一个家系。与保种方法相关的主要因素有：①群体数量。家系保种的公鸡数量不少于 60 只，母鸡数量不少于 300 只。群体保种的公鸡数量不少于 100 只，母鸡数量不少于 300 只。在能满足保种条件要求下，保种数量越少越好，以求降低保种费用；②群体结构。各家系等量留种，每个家系选留 1 只公鸡后代，每只母鸡选留 1 只母鸡后代作为留种个体；③选配。采用随机交配方式，但要避免近交。④公母比例。以 1：5 为宜。⑤监测。分子生物技术是监测保种效果的重要而有效的手段。

（三）地方鸡遗传资源的开发利用方法

畜禽遗传资源保护的目的是应用，截至 2012 年 3 月，通过国家审定的肉（兼）用型鸡新品种（配套系）共计 40 个，每年推广种鸡数量约 1000 多万套，生产商品代鸡 10 多亿只。这些培育的新品种（配套系）大部分都是利用了我国地方鸡品种的血统。

第一种开发利用方法：直接利用。采用常规的育种方法对现有的地方品种进行适合于产业化生产的品种选育后，直接在生产上应用。选育的内容主要包括性成熟、胫长、生长均匀度和产蛋率等，选育方法是群选法。

第二种开发利用方法：杂交配套。以地方品种为育种素材，经过系统选育后作为配套系的母本，选育的重点在生产性能、群体均匀度及体型外貌等方面，与快长专门化品系杂交组成多个配套系，配套生产商品鸡。

第三种开发利用方法：基因导入。将地方鸡种的特异基因导入到专门化品系，培育新的专门化品系。我国最近几年通过国家级审定的配套系和新品系几乎都是采用这种方法培育的。

二、特　点

第一种开发利用方法的特点是采用本品种内选育，保持了地方鸡原品种的品质特色和基因纯度。

第二种开发利用方法的特点是利用杂交优势原理，使商品代性能和性状得到明显改进。

第三种开发利用方法的特点是利用基因导入技术，使商品代性能和性状得到明显提高。

三、成　效

第一种开发利用方法的成效是通过重要性状的选育，生产应用性能快速提高，饲养效益大幅增加。

第二种开发利用方法的成效是配套的商品代鸡保持优异的肉品质和适应性，生产性能（如产蛋和产肉性能）大幅度提高。

第三种开发利用方法的成效是新品系保持了地方鸡的外貌特征，产肉性能提高，生产周期缩短，生产成本降低。

四、案　例

（一）第一种开发利用方法案例

案例一：广西春茂农牧集团有限公司，将广西三黄鸡采用常规的育种方法进行了适合于产业化生产的品种选育后，直接在生产上应用。经过短短 5 年时间，从当时的饲养规模 200 万只扩大到 2008 年的 8000 万只，公司资产实现了快速扩张，以此促进了品种选育、基础技术实施，饲养成本大幅度降低，并将产业延长到食品加工及快餐行业，企业品牌得到社会认可。

案例二：海南（潭牛）文昌鸡股份有限公司，将文昌鸡采用常规的育种方法进行了适合于产业化生产的品种选育后，直接在生产上应用。公司于 2002 年建立育种场并开展育种工作，经过 10 年的努力，已经建成国家级保种场 1 个（保存文昌鸡原种鸡近 1 万只），育种场 1 个（存栏祖代种鸡 5 万多套），父母代种鸡场 4 个（存栏种鸡 50 多万只），年出

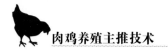

栏肉鸡 600 万只，并将产业延长到食品加工及连锁销售，产品远销内地、港澳和东南亚，企业品牌得到社会认可。

（二）第二种开发利用方法案例

河南三高集团公司，以地方品种固始鸡为育种素材，经过选育的固始鸡在生长速度、繁殖性能等全面改进，保持了一致的青脚、黄羽、圆胸等特征，与隐性白、矮小黄鸡及其他快长专门化品系组成了多个配套系，在生产上大面积应用，生产仿土青脚鸡，占据了较大市场。

（三）第三种开发利用方法案例

广西金陵农牧集团有限公司，其培育的金陵麻鸡，配套的各个品系都引用了江西的崇仁麻鸡，将其麻鸡青脚等特征引入到快长型品系，经过专门化品种培育后用于生产，其商品代生长速度比崇仁麻鸡提高了 60% 以上，上市日龄提早到 65 天，适应性能也有较大提高。

第二章 生态安全型肉鸡场建设与设施配套技术

第一节 生态安全型肉鸡场场址选择与规划布局设计技术

一、概 述

随着我国经济的快速发展，人民生活水平的不断提高，食品安全及环境保护已日益受我国各级政府和人民的高度重视。从有害药残到三聚氰胺和瘦肉精，从蓝耳病到疯牛病和高致病性禽流感，健康养殖已成为事关国家稳定和民生安康而不容忽视的头等大事，无公害、绿色、生态安全型有机食品倍受广大消费者的青睐。特别是我国加入 WTO 后的肉鸡市场趋于国际化，而且国外绿色技术壁垒必然驱使我国的肉鸡业趋向高产、优质、高效、生态、安全的方向发展。因此，生态安全型肉鸡场的建设和高产优质的生产技术是近年来我国肉鸡业发展的重点。

（一）生态安全型肉鸡养殖模式与鸡场类型

生态安全型肉鸡养殖模式是以生态学和生态经济学为原理，以可持续发展为目标，以消费市场为导向，在保证不污染外界生态环境的前提下，为肉鸡的良好生长营造适宜的生态小气候的生产方式。生态安全型肉鸡养殖模式彻底打破了鸡场、鸡舍和设备极其简陋，特别是很多农村饲养户在环境条件非常差的自家小院和房前屋后饲养肉鸡的传统庭院经济养殖模式，而是必须要因地制宜，农牧结合，科学系统地规划和设计建设肉鸡场，严格高效地组织和管理肉鸡生产，实现肉鸡生产的优质、高产、高效、生态与安全。

生态安全型肉鸡场包括标准化生态肉鸡场和原生态绿林肉鸡场。标准化生态肉鸡场简称标准化肉鸡场，它是以规模化和集约化养鸡为基础，工厂化和自动化养鸡为目标，专业化和标准化养鸡为方式而建的年产 10 万只以上的大、中型肉鸡场。标准化肉鸡生产技术采用先进的工业技术装备养鸡设施，具有完善的生物安全和净化养殖环境体系，在场址选择与规划布局、设施配备、品种与饲料、卫生防疫与粪污处理等方面严格执行法律法规和相关标准的规定，并按标准化程序统一组织生产。以肉鸡生长所需的最优生态环境控制和鸡场粪污零污染排放而实现肉鸡的高效、生态和安全生产。

原生态绿林肉鸡场简称原生态肉鸡场，它是以鸡的自然性和生态性为基础，绿色和安全生产为目标，舍饲和放牧养鸡为方式而建的年产 10 万只以下的中、小型肉鸡场。原生态肉鸡生产技术是将传统的肉鸡饲养方法和现代技术相结合，科学模拟肉鸡的原始生活环境，育雏期在室内饲养，育肥期露天放牧或半放牧，结合各地的气候特点，充分利用农

闲绿地、荒山林地、果园、葡萄园等地，让肉鸡自由寻食野草昆虫，饮山泉露水，并严格限制化学药品、激素、饲料添加剂等有害物的使用，以提高鸡肉的风味和品质为目的，生产出天然无公害的绿色肉鸡产品。

（二）生态安全型肉鸡场场址选择的技术要求

1. 法律、法规和执行标准

场址选择要依据《中华人民共和国畜牧法（2006）》和中华人民共和国农业部令2010年第7号《动物防疫条件审查办法》，必须结合本地区农牧业生产发展总体规划、土地利用发展规划、城乡建设发展规划和环境保护规划等合理利用土地。环境条件应符合《农产品安全质量无公害畜禽肉产地环境要求》（GB/T 18407.3—2001）国家标准，鸡场生产过程中产生的臭味和粪污不能污染周围的环境，粪污处理参照中华人民共和国国家标准《畜禽养殖业污染物排放标准》（GB 18596—2001）、中华人民共和国环境保护行业标准《畜禽养殖业污染防治技术规范》（HJ/T 81—2001）和中华人民共和国国家环境保护标准《畜禽养殖业污染治理工程技术规范》（HJ 497—2009）执行。水质要达到《无公害食品畜禽饮用水水质》（NY 5027—2008）饮用水标准，环境空气质量可参照2012年2月9日发布的中华人民共和国环境空气质量标准（GB 3095—2012），并定期请环保部门对水质和空气质量进行监测。

2. 生态环境

标准化肉鸡场应选择远离城市市区15～20千米以外的弃耕地、废地或荒地上。原生态肉鸡场应选择乡村果园或山林绿地。场址要求地势高燥且上游无污染源，周边3千米以内无化工厂、化肥厂、玻璃厂、造纸厂、制革厂等产生噪音、废水和化学气味的工厂，这些工厂排放的废水、废气中含有重金属、有害气体及烟尘，污染空气和水源，它不但危害鸡群健康，而且肉中也有积留，将危害人体健康。距居民区、其他畜牧场、家禽屠宰厂不小于2千米，距铁路、高速公路、交通干线不小于1千米，距一般道路不小于500米，并且应位于居民区及公共建筑群常年主导风向的下风向处。在水资源保护区、旅游区、自然保护区等绝不能投资建场，不要建在村庄或自家的院子里，不能在发生过重大疫情的旧鸡场场址上改建或扩建。

3. 气候与地质条件

气候条件是场房设计和指导生产的依据，建场前要详细掌握本地区的气象部门5～10年内积累的有关气象资料，如年平均气温、最高气温、最低气温、土层冻结深度、积雪深度、夏季平均降水量、最大风力、常年主要风向、各月份的日照时数等。土壤以无病原和工业废水污染的沙壤和壤土为宜，因其透气性和透水性良好而不利于病原菌繁殖，还有利于树木和饲草的生长。标准化肉鸡场还要求土壤压缩性小而均匀，以承担建筑物和机械设备的重量。砾土、纯沙地不能建场，这种土壤导热快，冬天地温低，夏天灼热，缺乏肥力，不利于植被生长，不利于鸡舍周围小气候。此外，肉鸡怕潮湿，场址不能选在低洼积水地。

4. 五通一平条件

水、电、路、通讯、网络和地势平整等五通一平条件直接关系到建场投资、生产管理和经济效益。充足且无污染的水源是选择场址的必备条件，水的 pH 值不能低于 4.6，不能高于 8.2，最适范围为 6.5 ～ 7.5 之间。硝酸盐不能超过 45 毫克／千克，硫酸盐不能超过 250 毫克／千克，尤其是水中最易存在的大肠杆菌含量不能超标。1 万只肉鸡日需水量约为 6 ～ 10 立方米，以自来水为水源时应建贮水池以备停电或缺水季节的供水不足。电源必须切实得到保证，标准化肉鸡场要自备发电机，以保证场内供电的稳定性和可靠性。道路要畅通，场址最好靠近消费地和饲料来源地，偏远乡村或山区等交通不便的地方应考虑防止因大雨或大雪造成道路阻断，供应中断等问题。通讯和网络是鸡场管理人员必备的条件，具有远程监控的标准化肉鸡场更不能缺少通讯和网络。平原地区的场址应选择地势高燥、阳光充足、排水良好的平地；山区的场址既不能选在山顶，也不能选在山谷深洼地，应选在向阳的南坡上，山坡和场区坡度分别不宜超过 1°～ 20°和 1°～ 3°。

（三）生态安全型肉鸡场的场房规划和布局设计技术

1. 总平面布局设计

年出栏 10 万只的标准化肉鸡场可按 40 ～ 50 亩（一亩≈ 667 平方米）土地规划，原生态肉鸡场可按每亩饲养 60 ～ 80 只育肥鸡规划绿林地。总平面布局要根据场址地势的高低、水流方向和主导风向，按人、鸡、污的顺序，将各种房舍和建筑设施按其环境卫生条件依次排列，主要包括各种房舍的分区、道路和绿化、供排水、供电和网络等管线、场内卫生防疫、环保和防火设施等（参见图 2-1）。

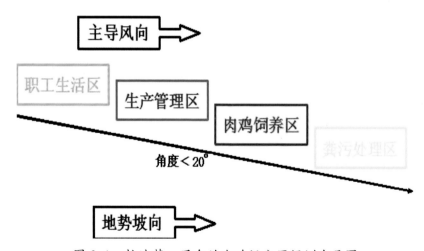

图 2-1 按地势、风向的肉鸡场分区规划布局图

标准化肉鸡场应严格按非生产区（包括宿舍、食堂和文体活动等职工生活区，门卫传达室、进场消毒室、办公室、财务室、生产技术室、卫生防疫间等行政管理区）和生产区（包括饲料仓库、育雏舍、育肥舍、病鸡和粪便污水处理区）进行分区规划，非生产区与生产区要有 30 ～ 50 米间隔距离或道路绿化屏障（参见图 2-2）。原生态肉鸡场的非生活区一般只设计场大门和宿舍，生产区主要有育雏舍、育肥舍、育肥舍运动场或绿林放牧区。

2. 鸡舍布局设计

标准化肉鸡场生产区的鸡舍排列一般为双列式，中间为净道，两侧是污道，上风向为

育雏舍，下风向为育肥舍。原生态肉鸡场的育雏舍可选单列式排列，育肥舍靠近放牧区，我国南方冬季无冰点气温和昼夜温差小的地区可建简易育肥舍。

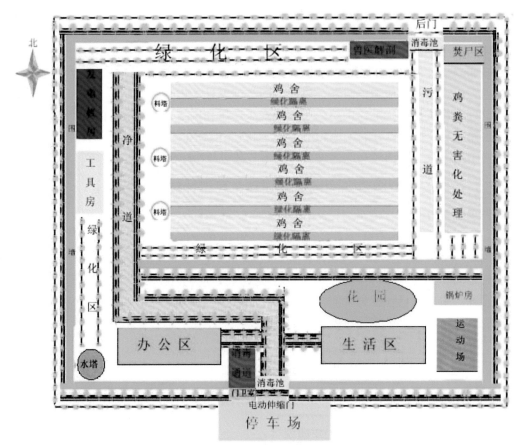

图 2-2　标准化肉鸡场分区布局示意图

鸡舍朝向的选择与鸡舍采光、保温通风和排污等环境效果有关。我国位于北半球，鸡舍方位多应朝南，可充分利用太阳光、热和主导风向。鸡舍间距应为 15 ～ 30 米。

3. 场区附属设施

所有肉鸡场必须要建设大门、门卫室、场区围墙以及人员和车辆消毒设施，外来人员或车辆应经强制性消毒后才能进场。场内道路包括人员、饲料车的净道与运输粪污、病死鸡的污道，净污道要分道建设，分口出入，互不交叉。场区地面设计标高除应防止场地被淹外，还应与场外标高相协调，场区道路标高应略高于场外路面标高，舍内地面标高应高于舍外地面标高 0.2 ～ 0.4 米，并与场区道路标高相协调。鸡场内要有完善的上下水管道，供电和通讯网络系统，场区污水应采用暗管排放，集中处理。各分区之间和沿鸡场四周围墙应以绿地和绿林隔离，围墙距一般建筑物的间距不应小于 3.5 米，围墙距畜禽舍的间距不应小于 6 米。绿林的树木以绿篱的形式为最好，不要种植太高大的林木，以防止飞鸟坐落与坐巢而传播疫病。

二、生态安全型肉鸡场的特点

（一）建场选址与规划严格化

生态安全型肉鸡场打破了传统的有几间房子和简单的饲养设备就可饲养肉鸡的生产模式，建场选址和场房布局规划有严格的要求，需科学选址，合理布局场房。

（二）设备机械化

饲养与环境控制配备有自动供料、供水、清粪、温湿度调控等自动化和智能化，不仅能满足肉鸡生长发育不同时期所需的生态环境条件，降低肉鸡疫病的发生，实现健康养殖，而且还大量减少饲养人员的劳动强度。

（三）管理标准化

水料供给、饲料添加剂和兽药等的使用应严格按有关规定执行，配备与饲养规模相适应的畜牧兽医专业技术人员，生产过程实行标准化、信息化和精细化的动态管理，保证肉鸡的优质、高产、高效、生态与安全生产，为消费者提供放心的鸡肉产品。

（四）卫生防疫制度化

建立健全完备的卫生防疫制度，完善场内各处防疫屏障体系，切实做好疫病监测、免疫接种、消毒、驱虫、疫病诊治、病鸡淘汰、粪污和病死鸡无害化处理等工作，科学实施疫病综合防控措施，有效防止疫情的发生与蔓延。

三、成　效

生态安全型肉鸡养殖技术经过改革开放30多年的持续发展已成为我国农业和农村经济中的支柱产业，取得了令世人瞩目的成就。主要成效体现在以下几个方面。

（一）肉鸡生产总量持续增加

改革开放以前，肉鸡饲养仅作为农村家庭副业进行生产，饲养设施基本条件差，饲养管理技术落后，饲养人员素质低。从1978年改革开放以来，直接引进国外先进的设备、管理技术和制度进行"高位嫁接"，建设了一批中国独资和中外合资企业的标准化肉鸡场与养殖小区，规模肉鸡场的总数和平均饲养规模大幅上升，专业化生产程度不断提高。据历年《中国统计年鉴》，1978年我国肉鸡出栏数和人均鸡肉消费量分别仅为10亿只和0.92千克，1998年分别为26亿只和2.14千克，2008年分别达77.6亿只和9.02千克，2011年超过80亿只。全国年出栏肉鸡2000只以上的鸡场从1998年的32.9万个到2008年增长到51万个，年出栏2000～9999只的小规模肉鸡场数由54%下到为28%，出栏1万～5万只的中、小型规模肉鸡场数由25%增长到32%，出栏5万～10万只以上的中、大型肉鸡场从7.8%增长到11%，出栏10万只以上的大型肉鸡场数由13.4%增长到19%。中、大型

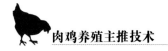

规模的肉鸡饲养已经成为我国肉鸡规模饲养的主要模式。

目前，鸡肉在我国已成为仅次于猪肉的第二大肉类消费品，而且已成为仅次于美国的世界第二鸡肉生产大国。

（二）肉鸡工厂化水平不断提高

我国肉鸡业已进入了一个由量变到质变的升华时期。通过生态安全型生产技术的推广应用，绿色健康的优质肉鸡占肉鸡总产量的50%，已成为我国家禽业生产的主流。肉鸡饲养管理的机械化、自动化、信息化程度不断提高，鸡舍内环境控制体系如供暖系统、水帘降温系统、光照系统、空气调控系统等可根据鸡舍的温度、湿度、空气质量等环境参数的变化调整供暖和降温系统的自动开启和关闭，进行鸡舍横向通风、混合通风和纵向通风的自动转换，供水、供料、清粪和环境控制完全自动化。有些先进的标准化鸡场的环境控制系统还通过 Internet 网络平台，使管理者随时可掌握和调整鸡舍温度、湿度、风速和通风量等环境参数，具备高温、低温、停电等报警功能，并与管理者的手机直接连接，可大大增加生产的安全性。鸡舍环境控制的自动化，使养鸡不受外界环境变化的影响，创造良好的饲养环境，可增加饲养密度，提高生产效率，减少鸡只应激，降低发病率，充分发挥肉鸡的遗传潜能，提高生产性能。实现了人管理设备，设备养鸡，鸡养人的全新理念。在提高生产效率和产品质量的同时，净化我国养鸡的大环境，推动了我国肉鸡业的结构优化和总体素质提高。

四、案 例

（一）标准化肉鸡场

1. 开原市赢德肉禽有限责任公司自属商品鸡一场

开原市赢德肉禽有限责任公司自属商品鸡一场于2008年10月在辽宁省开原市庆云堡镇双楼台村建成投产，年生产175万只肉鸡（按年饲养5批快大型肉鸡），总投资2300万元，已获辽宁省无公害肉鸡产地认证并为出口备案场。全场占地面积100亩，距居民区4千米，周边为农田，2千米内无其他任何企业。场区用围墙与外界隔离，场内四周栽植树木绿化。场区分生产区、生活区和办公区。生产区由20栋鸡舍组成，每栋长110米，宽15米，高2.5米，建筑面积1650平方米，单栋饲养量17500只／批。全封闭网上平养，全场全进全出饲养模式。全场员工56人，其中本科以上专业技术人员5人。

2. 吉林德大有限公司夏家店养殖场

吉林德大有限公司夏家店养殖场于2002年在吉林省德惠市夏家店镇小泉沟村建成投产，2009年改造成叠层式三层立体笼养达年生产量420万只肉鸡（按年饲养5批快大型肉鸡），总投资3156万元，已获吉林省出口肉鸡备案。该场占地8.5万平方米（约127亩），距居民区4千米，周边10千米内无其他养殖企业。场区分为生产区、生活区和办公区；生产区由12栋全封闭鸡舍组成，每栋长128米、宽17米。采用全场全进全出管理模式，全场员工26人。

（二） 原生态绿林肉鸡场

一四二团博尔通古生态养殖园巨型玫瑰冠鸡生态养殖园（图2-3）位于新疆生产建设兵团农八师一四二团三十二连，地处新疆天山北坡鹿角弯山区的80亩苹果园内，饲养着由石河子大学动物科技学院正在培育的巨型玫瑰冠鸡。养殖园南边为天山，东边有天山积雪溶化的季节性小溪，西边有天山温泉和雪水汇集一体常年流水的巴音沟河，养殖园周边青山绿水，离连队居民区3千米，无任何工厂和污染源。养殖园周围建有2米高的砖围墙，投资50多万元新建大门消毒池和门卫室，2栋15米×6米的网上平养育雏舍，6栋15米×4米的简易遮阳挡风避雨棚。2人管理，一批育雏3500只雏鸡，年饲养3批，单批饲养期20周，育雏期6周全舍饲，育雏1～3周龄完全饲喂新疆天康饲料有限公司的肉小鸡全价料，4～6周龄在肉小鸡全价料中逐渐添加1%～15%的草粉，育肥期14周，每天下午天黑前补饲育肥料。公鸡平均体重2.8千克，母鸡平均体重2.2千克，平均售价120元/只，仅养鸡年利润可达50多万元。育肥期为自然放养轮牧法，园中的巨型玫瑰冠鸡尽情地饮用富含矿物质的山泉雪水，悠闲地吃着果园中的青草苜蓿，竞相追吃着蚂蚱昆虫，构成了生态、绿色和环保的特色肉鸡养殖园。

图 2-3　园区放牧外景

第二节 密闭式肉鸡舍的设计与设施配套技术

一、概　述

鸡舍是鸡场建设的关键，是人工创造肉鸡适宜的生态小环境和生长发育的必备场所，可最大限度地发挥肉鸡的生产效能。密闭式肉鸡舍是标准化肉鸡场的重要组成部分，主要建设在大、中型标准化肉鸡场。密闭式鸡舍的四周侧壁和屋顶均无窗，舍内的温度、湿度、通风、光照等小气候均通过各种设施进行自动控制与调节，可最大程度地满足鸡体最适宜的生理要求，供水、供料、环境控制和清粪设备等自动化程度高，多用于饲养快大型配套系肉鸡，如艾维茵、AA肉鸡、科宝500等，也可用于饲养优质型中速肉鸡。密闭式肉鸡舍的设计应以高度机械化、自动化、新材料和新工艺为基础，以肉鸡生长发育的生理特点为依据，以生产环境（主要包括饲养密度、温湿度、通风与空气质量、光照等）为条件进行设计，使肉鸡充分发挥其最大的遗传潜力。

（一）密闭式肉鸡舍的设计要求与设施配套技术

1. 鸡舍面积

鸡舍面积直接影响饲养密度，应根据肉鸡类型、周龄、饲养量和方式而定（参见表2-1），使鸡获得足够的活动空间、饮水和采食位置，有利于鸡群的生长。

密闭式肉鸡舍地面厚垫料平养、网上平养和笼养参见图2-4、图2-5和图2-6。

表2-1　密闭式肉鸡舍饲养密度参考表　　（只/平方米房舍）

肉鸡类型	饲养方式	1～4周龄	5～8周龄	9～12周龄
快大型	地面平养	25～30	10～12	/
	网上平养	30～40	14～16	/
	笼养（多层）	150～200	60～100	/
优质型	地面平养	40～50	20～30	10～12
	网上平养	50～60	30～40	12～15
	笼养（多层）	200～250	150～200	100～150

图 2-4 密闭式肉鸡舍地面厚垫料平养

图 2-5 密闭式肉鸡舍网上平养

图 2-6 密闭式肉鸡舍多层层叠式笼养

网上或地面平养的密度也可按每平方米的地面面积生产 24.5 千克肉鸡的重量指标来确定,以饲养 15000 只,上市体重 2.5 千克为例,则所需的鸡舍总面积为(15000×2.5)÷24.5=1530 平方米。鸡舍长度应根据场址条件、鸡舍的跨度和管理的机械化程度而定,其范围多在 80～150 米内。鸡舍跨度可根据舍内笼具、走道宽度和通风条件而定,多为 8～16 米。屋檐高度要根据饲养方式、清粪方法、跨度与气候条件而定,单层(地面或网上平养)一般为 2.5～3.0 米,多层笼养可达 6～8 米。单栋舍饲养量多以 5000 只为设计单位,在 5000～50000 只为宜,多则可达 10 万只以上。

配套的喂料设施多采用全自动喂料系统,该系统包括料塔、输料线和料槽或料盘。料塔多为圆柱形,采用组合式装配,具有防止饲料污染的功能。料塔布置在舍外一端的净道旁,要便于运料车进出与往料塔中输料,料塔与横向螺旋送料机相连将饲料输到鸡舍内的料箱,料箱上的料位器可自动控制饲料的输送,舍内自动输料线可定时定量均匀地将饲料输送到料槽或料盘中。料塔容量一般为 10 吨并配置专用饲料运输车(参见图 2-7)。

配套的供水设施多采用全自动饮水系统,该系统主要由水箱、水线及乳头饮水器组成,配套附件还有过滤器、水表、减压器(单双向两种)、首端水位显示器、尾端水位显示器和排气装置、PVC 输水圆管或方管、吊杯、防栖线、升降装置(手动和电动两种)、加药器。乳头饮水器 360°全方位灵敏出水,饲养能力为 8～12 只 / 个,可自动为肉鸡提供清洁卫生的饮用水。密闭式肉鸡舍全自动水线与料线（参见图2-8）。

图2-7 饲料塔与专用运输车　　图2-8 密闭式肉鸡舍全自动水线与料线

2. 地基、地面、屋顶和墙体

鸡舍地基基础应设计到冻土层以下。舍内地面应高出舍外地面0.3～1米。舍内地面设计应为20～30厘米的混凝土，保证地面结实坚固，便于清洗消毒。在潮湿地区的混凝土地面下应铺设防水层，防止地下水湿气上升，保持地面干燥。舍内应设计连接下水道的排水孔，中间地面与两边地面之间应有一定的坡度，以便舍内污水和清洗消毒的水能顺利排出。鸡舍屋顶由屋顶架和屋面两部分组成；屋顶架设计一定要坚固，可用钢结构、钢筋、木材、竹或钢筋混凝土等制成；屋顶设计要考虑防风雨和保温隔热等性能，可用混凝土、石棉瓦和彩钢瓦等；屋顶形状有很多种，如平顶式、单坡式、"人"字式（双坡对称式和双坡不对称式）、拱式、气楼式和半气楼式等（参见图2-9）。一般根据当地的气温、通风等环境因素来决定，在南方干热地区，屋顶可适当高些以利于通风，北方寒冷地区可适当矮些以利于保温。生产中大多数鸡舍采用三角形屋顶，坡度值一般为1/3～1/4屋顶，材料要求绝热良好，以利于夏季隔热和冬季保温。墙体和屋顶选材应具有防火、防水、抗酸碱、耐腐蚀、无毒无异味、质轻保温的特点。内外墙面四壁表面光滑耐水，便于常年清洗和消毒。鸡舍框架采用轻钢保温结构，如双面镁纤复合玻璃钢板、双面彩钢或铝箔夹心玻璃棉板。墙体和屋顶厚度要求夏季可防热辐射，冬季保温性能好。

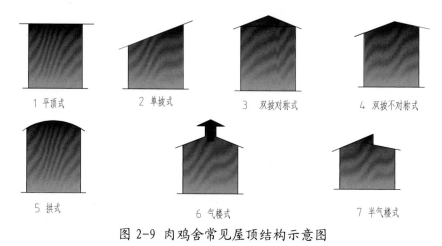

图2-9 肉鸡舍常见屋顶结构示意图

地面和墙面上的设计还要与设备厂商进行技术交底，需预留各种预埋件便于安装各种机械设备。地面平养时，可安装自动回零的移动式地秤以测定鸡舍内各个位置肉鸡的体重，并将测定结果定期传送到中央控制器记录下来，在不产生惊扰鸡群的情况下进行鸡群的体重监测，了解鸡群的增重效果。

配电机房的电控系统由自动电控箱、电控设置操控器、动力电缆和各类型机电组成。除了对喂料系统和通风系统的全自动控制与操作之外，还设计有无料、无水、超温、超湿等报警功能。各系统均可实现全自动控制，半自动控制和人工手动控制。

（二）密闭式肉鸡舍的环境条件与设施配套技术

1. 温、湿度条件与设施配套技术

不同生长发育阶段的肉鸡所要求的适宜温度不同，育雏第 1 天舍温要求较高为 33 ～ 35℃，以后每周下降 2 ～ 3℃至育肥期 18 ～ 25℃的适宜范围，鸡舍内最大饲料效率的环境温度为 24 ～ 27℃。鸡舍的冬季保温和加温与盛夏的降温对肉鸡生产是至关重要的，要求严禁舍温骤冷骤热而造成冷或热应激，导致鸡体生理机能紊乱、生长速度趋缓，抵抗力下降；育肥鸡在 20℃以下，30℃以上就会产生应激，特别是持续 35℃高温时将引起强热应激而出现热休克甚至造成死亡。肉鸡最适宜的相对湿度为 60% ～ 70%，不宜超过 75% 或低于 40%。

密闭式肉鸡舍的冬季供热方式包括北方的全场集中供热方式和南方的仅鸡舍供热方式，自动供热系统主要由锅炉房、循环泵、供热管道、散热器、水（风）暖风机、水温传感器、舍温传感器、温度微电脑自控箱等组成。

夏季降温采用湿帘风机降温系统（参见图 2-10），该系统由特种纸质波纹蜂窝状湿帘、水循环系统、低压大流量节能风机和相关控制装置组成。鸡舍的最大温差应控制在 2 ～ 3℃ 的范围内。

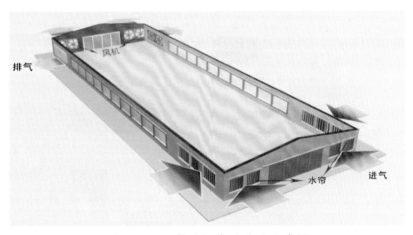

图 2-10 湿帘风机降温系统示意图

2. 空气质量和通风

鸡舍空气质量主要针对有害气体和粉尘的含量，有害气体主要包括硫化氢（H_2S）、氨气（NH_3）、挥发性脂肪酸（VFA）、不饱和醛、粪臭素等挥发性臭气等，不同日龄鸡对空气

质量的要求不同，鸡场内空气环境质量控制标准（参照表2-2），鸡舍空气中总粉尘浓度不宜超过425毫克／立方米，细菌总数不能超过25000个／立方米。

表2-2　肉鸡场空气环境质量要求　　　　　　　　　　　（毫克／立方米）

项目	缓冲区	场区	育雏舍	育肥舍	备注
氨气	2	5	10	15	
硫化氢	1	2	2	10	
二氧化碳	380	750	1500		表中数据均为日均值
PM10	0.5	1	4		
TSP	1	2	8		

注：PM10～可吸入颗粒物，空气动力学当量直径≤10微米的颗粒物
　　TSP～总悬浮颗粒物，空气动力学当量直径≤100微米的颗粒物

鸡舍通风设计包括风机设备的型号、大小、数量、安装位置和电源供给等，国内通风设备一般采用风扇送风和抽风送风方式，风扇送风主要使用于地面或网上平养，其数量可根据风扇的功率、鸡舍面积、鸡群数量的多少、气温的高低而确定，抽风送风主要适用于多层笼养。夏季舍内鸡体周围的气流速度最高限速为2.4米／秒，冬季以0.15～0.20米／秒为宜。夏季鸡舍的最大通风量应按最高气温和最大体重时的通风量来计算，并在此基础上可再加10%～15%的保险系数。鸡舍的气体交换量的计算可按鸡舍最终生产肉鸡的总重量来计算，每千克鸡重所需的通风量为0.113立方米／分钟，风速以不超过0.3～0.35米／秒为标准计算引风排气筒的高度、数量或通风机所需的功率及通风量。

鸡舍的自动环境控制系统通过安装在鸡舍内部及外面的高灵敏温度和湿度传感器不断监测舍内外的温湿度状况，利用可编程逻辑控制器或微处理器根据鸡群年龄和密度自动或人工对风扇（风机）、加热器和降温系统等进行调控，使鸡舍内的环境条件尽可能保持在最适范围之内。

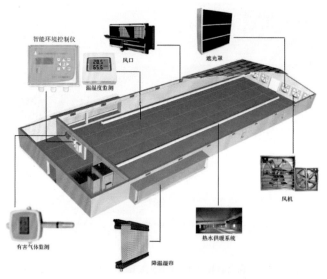

图 2-11　智能环境自动控制系统

智能环境控制系统（参见图 2-11）不仅具有监测舍内外空气质量和空气质量预警、消防、漏水报警功能，还可对舍内外温度、湿度及有害气体浓度参数进行综合分析，根据环境参数的变化调节风机的转速和开启数量，自动调控鸡舍的温湿度、有害气体含量和细菌总数等指标，减少环境应激变化，并以声讯、电子邮件、手机短信等多种方式发出报警信息，及时通告管理人员。

3. 光照和噪音

肉鸡对光照强度非常敏感，强光会刺激肉鸡兴奋，易发生啄癖，而弱光可降低肉鸡的兴奋，减少活动量和产热量，故能提高饲料利用率。环境安全型鸡舍的光照设计与传统的设计相同，但从节能的角度出发，这种鸡舍应设立不通气的明窗，比如玻璃天窗和侧窗。育雏前 3 天应给予 24 小时 20 勒克斯的强光照，促使雏鸡尽早学会采食和饮水并适应环境，从第 4 天开始改用 5 勒克斯的弱光照，按每 20 平方米安装 15 瓦光源让肉鸡仅能看到采食和饮水。

鸡舍各类设备所产生的噪音或外界传入的噪声要求应控制在 85 分贝以下。对产生噪音较大的车间，应控制噪音声源，选用低噪音设备或采取隔音减噪控制措施。

4. 饮水的灭菌消毒

采用无药物残留的消毒药进行饮水灭菌消毒，也可采用酸碱水发生器将饮水电解为酸性水或碱性水供给鸡，这种水同添加化学酸或碱不同，它不会产生额外的化学物质污染。或采用臭氧水发生设备进行饮水消毒，此法不宜用于乳头饮水系统中，在乳头饮水系统中水流速度很低，不适合臭氧的溶入。

5. 清粪与粪污、死淘鸡的处理

清粪设备主要有牵引式刮粪机和传送带清粪两种。牵引式刮粪机由牵引机、刮粪板、框架、钢丝绳、转向滑轮、钢丝绳转动器等组成，主要用于阶梯式笼养和网上平养的密闭式肉鸡舍。传送带清粪主要由电机减速装置、链传动、主动辊、被动辊，承粪输送带、粪便提升转运带等组成，粪便经底网空隙直接落于传送带上，经传送带将粪便运送到鸡粪出口一端，再经传送提升带运至舍外直接转到运粪车上，适用于高密度叠层式笼养肉鸡舍。鸡场废弃物的处理要求按《畜禽养殖污染防治管理办法》规定执行，鸡场废弃物的排放要求应符合《集约化畜禽养殖业污染物排放标准》。死淘肉鸡必须经高温或焚烧等无害化处理。

6. 中央控制系统

各栋鸡舍的控制系统（图 2-12）均与鸡场办公室的中央计算机相联结，可随时反映鸡舍内的环境状况及鸡群动态。计算机系统还可连接上一个便携式报警器，由鸡场管理者带在身边，当鸡舍内发生异常情况时可及时报告管理人员。此外，通过一个调制调解器和一台电话，可与远在数十千米以外的管理者相联系，使管理者在家时也可随时了解到鸡场内发生的情况，发生异常情况时也能向管理者发出警报。通过连接网络，可以将整个鸡场各栋鸡舍的设备运行和实时环境质量信息汇集到中央计算机，在监控屏上可看到各栋鸡舍风机和窗户的开关数量和位置、加热器和降温系统的工作情况，以及舍内温度、相对湿度、光照时间及强度、耗料量及饮水情况等综合信息。在发生异常情况时，如温度不正常、缺

水、饲料供应故障，计算机将根据程序作出反应，并向管理者报警，并由中央控制系统及时自动进行调控，并将所有信息及调控结果定期储存在磁盘中作长期保存。

　　中央控制系统不但能完成上述自动控制工作，还可定期计算出耗料量、平均体重及均匀度、饲料转化率等性能指标，与生产标准及以往的生产情况进行对比分析，进而结合饲料价格、雏鸡成本和劳力开支等经济参数，可计算出累计生产成本，为生产经济决策提供可靠信息。

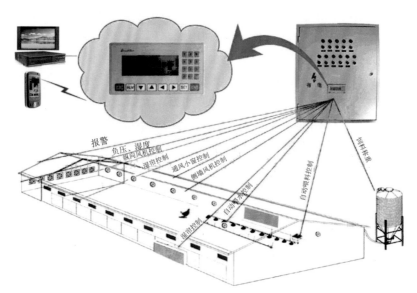

图 2-12　现代化肉鸡场密闭舍中央控制系统

二、特　点

　　标准化肉鸡场密闭式鸡舍生产技术是一种环境标准化、品种标准化、营养标准化、管理标准化、防疫标准化及畜产品质量标准化的高科技先进技术，其特点如下。

（一）鸡舍建设规格要求高

　　密闭式鸡舍采用全封闭建筑技术，建材多选用新型的隔热保温性材料，并具有防火、防水、抗酸碱、耐腐蚀、无毒无异味、质轻耐用等特点。鸡场和鸡舍工艺设计复杂，必须由具备建筑工程和农业工程双资质的设计单位进行设计。鸡舍建设质量要求高，必须具有良好的密封性，可消除因外界炎热、严寒、狂风暴雨等气候急剧变化对鸡群的影响，还可杜绝通过自然媒介传入疾病给鸡群提供适宜的生活环境，保证在高产稳产的基础上进行一年四季的周期性生产。

（二）　配套设施先进

　　鸡舍布局合理和实用性强，硬件设施齐全且先进，机械化、自动化程度高，具有较强的抗风险能力（大雪、大风、暴雨等）。可实现自动饮水、供料、控温、通风换气、降温和消毒，实行全进全出及封闭式的管理饲养方式，严格的防疫措施和零污染排放确保肉鸡的健康生长和生产性能的充分发挥。

（三）运行效率高

密闭式鸡舍可充分利用场地空间和设备，加速资金的周转。便于采取生物安全措施，鸡舍环境条件优越，单位面积内的养鸡数量多，鸡只生长均匀度一致，发病率低，药费开支少，劳动强度小，节省人力，劳动生产效率和经济效益显著。同时，可按国家规定标准饲养无药残鸡（绿色食品），便于实现品牌战备，增强优质肉鸡产品的市场竞争力。

（四）不足之处

一次性建设投入和运行成本均较大，建筑标准和设施条件要求高，管理人员不仅要精通肉鸡的饲养管理技术，还应具备丰富的各种设备使用操作和维护的经验。在生产管理过程中必须实施严格的标准化管理，鸡群健康和设备运行状况必须实时监控并严格管控。而且，水、电、料的要求很严格，特别是电源必须得到绝对的保证。

三、成　效

早在 20 世纪 70 年代，一些发达国家就开始了肉鸡标准化养殖，其规模、管理和效益等都远远地超过了中国。近几年，随着市场经济的不断发展，国内各地也开始兴建标准化鸡舍，我国肉鸡业从 20 世纪 80 年代起步后飞速发展，1981 年全国肉鸡存栏仅 0.4 亿只，到 2010 年达到近 40 亿只，30 年间共增长了 80 多倍，其中，采用密闭式肉鸡舍的规模化专业化肉鸡养殖技术发挥了巨大的作用。主要成效如下。

（一）促使肉鸡产业的转型升级

目前，我国的肉鸡产业已实现了从传统粗放的饲养模式向现代化科学养殖模式的转变，标准化肉鸡场的大批涌现是肉鸡产业在我国现代农业产业发展中最成功的体现和科技进步的典范。密闭式肉鸡舍通过采用新技术、新设备、新工艺，使整个产业的生产效率不断提高，克服了我国长期以来的大群体小规模饲养所带来的环境污染和肉鸡产业处于"低成本扩张→鸡舍条件差→鸡容易得病→生产性能低→产量不高→再低成本扩张"的恶性循环，使我国的肉鸡业已成为现代农业产业化最完善、市场化运作最典型、与国际接轨最直接的行业。

（二）促进肉鸡产业链的延伸

密闭式肉鸡舍促成了肉鸡规模化养殖，规模化养殖促进了肉鸡产业链的延伸和完善。从良种繁育体系（曾祖代种鸡→祖代种鸡→父母代种鸡→商品代肉鸡）、饲料生产、屠宰加工到市场销售一条龙集团化企业相继涌现，如益生股份、青岛正大、温氏集团、六和集团、吉林德大等。据农业部公布，2011 年，全国创建畜禽标准化示范场共计 554 个，肉鸡场占 53 个，部分企业被农业部等八部委联合认定为"农业产业化国家重点龙头企业"，肉

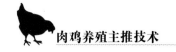

鸡产业化经营已成为我国农业产业化经营中最完善、规模最大的产业之一，形成了集产、供、销、科、工、贸为一体完整的产业链，生产水平达到或者接近世界先进水平，尤其是在鸡肉的精细分割和深加工产品上已超过国际水平。肉鸡深加工产业链的延伸，在满足不同消费者需求的同时，还能提高产品的利润率，既有利于企业控制生产成本，减小企业投资风险，又可保证整个生产过程的可控性和可追溯性，确保肉鸡产品品质，打造肉鸡企业的品牌形象。

四、案　例

（一）福建圣农发展股份有限公司大青肉鸡场

福建圣农发展股份有限公司大青肉鸡示范场于 2007 年 12 月在福建省光泽县寨里镇大青村投资 2119 万元建成投产，场区占地 7.92 万平方米（约 120 亩），场周围四面环山，远离城镇、铁路，距居民区 5 ～ 10 千米，周边 5 千米内无其他养殖场。属生态安全型标准化肉鸡场，现已获福建省鸡肉出口备案场并通过 ISO9001 国际质量管理体系认证。

鸡舍为密闭式，采用钢架砖墙建筑结构，屋顶用铁皮瓦加保温隔热层构建。全场由 16 栋鸡舍组成，每栋长 120 米、宽 16 米，单栋饲养量每批 3 万只，采用地面厚垫料平养，采取全进全出的饲养工艺。饲养品种为科宝 500，饲养期 43 ～ 45 天，空舍 15 ～ 20 天，年均饲养 288 万羽。

配套设施主要从欧美等国引进，包括美国生产的饮水系统和法国生产的自动加药系统，比利时鲁冰系统工程的喂料系统和自动料线，瑞典蒙特生产的通气扇及通风远程电脑监控系统，由山东青岛依爱电子公司生产的 EI-2000 禽舍自动环境控制系统，停电报警器、温度、湿度探头等自动控制系统，上海卓越生产的保温伞和意大利生产的温度控制器，北京四方创新生产的降温系统，实现了自动上料和上水，温度、光照、通风自动控制，自动化程度高。

2010 年共产商品肉鸡 305 万只，获经济效益 939 万元。平均生产水平达到成活率96.84%，每羽均重 2.22 千克，料肉比 1.90∶1。每批鸡的饲养管理档案及生产记录齐全，人员、物品进出场严格管理制度、科学合理的保健用药和免疫程序，确保肉鸡的安全生产和鸡肉产品无药残。上市鸡用密封车装运，病淘鸡和病死鸡集中回收进行高压煮沸无害化处理，鸡粪采取集中收回进行焚烧发电或经发酵处理加工做有机肥。

（二）山东民和牧业股份有限公司商品鸡自养基地

山东民和牧业股份有限公司商品鸡自养基地于 2004 年投资 2.3 亿元在山东省蓬莱市南郊建成投产，现已获山东省出口备案场。该示范场占地 28.4 万平方米（426 亩），距居民区 2 千米，周边 1 千米内无其他企业。共有员工 218 人，实行全员驻场标准化管理，每日实时上报生产日志。岗位责任制度规范健全，生产、产品上市和出口备案资料档案完整，实行 SAP 库存管理系统。

全场花园式绿化，场区分为生产区，生活区和办公区。生产区由 84 栋鸡舍组成，每栋长 102 米，宽 8 米，建筑面积共计 68544 平方米，单栋饲养量 16000 只。采用分区全进全出模式，饲养品种为艾拔益加和罗斯 308，饲养周期 42 天，空舍 20 天，年均饲养 5.5 批，年产 638 万只商品鸡。

鸡舍采用与中国农业大学合作研究的连栋纵向通风鸡舍，结构及材料利于环境控制和消毒防疫，有效阻断了鸡舍之间的疾病传播，具有良好的隔热保温性能，提高了土地和房舍的利用率。采用自主研发生产的封闭叠层式笼养肉鸡生产全套设备。公司信息化处理中心与各分场设备终端实现网络连接，可通过网络实时查看各生产区监控摄像。建有日处理鸡粪 500 吨的沼气发电厂，废弃物用于沼气发电，该场的沼气发电厂是我国畜禽养殖业第一个符合联合国气候变化框架委员会（UNFCCC）CDM 要求的养殖场，于 2009 年 4 月 27 日在联合国注册成功。

2010 年共生产商品鸡 638 万只，获经济效益 1276 万元。平均生产水平：成活率 95%，均重 2.6 千克 / 只，料肉比 1.75:1，防疫治疗费 0.9 元 / 只，每平米出毛鸡重 45 千克，生产指数达 336。

第三节 开放式肉鸡舍建造与设施配套技术

一、概　述

　　开放式鸡舍是指鸡舍侧壁和屋顶按一定距离（2～4米）设有通风换气窗，分为全开放式、半开放式和开放-密闭式3种类型。全开放式鸡舍的小气候全部靠自然通风、自然光照，舍内温、湿度基本上随季节的变化而变化；南方的春、夏、秋季和北方夏季的肉鸡育肥舍可采用全开放式鸡舍，舍外设有运动场或绿林放牧区。半开放式鸡舍需增加温控和机械通风设施，育雏和冬季气温低时采用暖气供热，夏季炎热时采用风机或水帘降温，机械通风和自然通风适时交替灵活运用；寒冷季节的育肥舍和育雏舍主要以半开放式建舍。开放-密闭式是近年来发展起来的节能型肉鸡舍，在气候温暖的春、秋季使用开放式，充分利用自然资源（太阳能、光能、风能），在气候恶劣的夏冬季使用密闭式，进行人工调控鸡舍小气候。全开放式和半开放式鸡舍适用于农村养鸡户的中小型原生态绿林肉鸡场，主要饲养我国的中速和慢速型地方优质肉鸡（俗称土鸡，如固始鸡、汶上芦花鸡、"817"小型肉鸡等），开放-密闭式鸡舍具有开放与密闭兼备的功能。

（一）开放式肉鸡舍的设计要求与设施配套技术

1. 鸡舍与牧地面积

　　全开放式鸡舍只用于地面或网上平养，半开放式和开放-密闭式鸡舍既有地面或网上平养，也可多层笼养。全开放式和半开放式鸡舍由于环境控制程度低，饲养密度也较低，育雏舍以幼雏30～40/平方米到脱温雏20～30只/平方米为宜，育肥舍8～10只/平方米为宜，运动场以5～6只/平方米为宜并饲喂一定量的青绿饲料，绿林生态饲养以60～80只/亩为宜，最好进行轮牧，以免绿草绝生；开放-密闭式鸡舍可参照密闭式鸡舍80%～90%的系数确定密度。开放式鸡舍一般长20～50米，宽5～8米，地面平养高2.2～2.5米，网上平养高3.2～3.5米，半开放式和开放-密闭式鸡舍多层笼的笼层一般不超4层，高可达4.5～5.5米。每栋舍饲养量以千只为单位进行规划，一般不超过1万只，开放-密闭式鸡舍可达3万～5万只。

图 2-13　吊桶式圆形料桶

开放式鸡舍的喂料设施多选用清洁卫生的吊桶式圆形塑料料桶（参见图2-13），有大、中、小3种型号以供大、中、幼鸡采食；由人工操作加料，其结构是由一个锥状无底圆桶和一个直径比锥桶粗端大6～8厘米的浅底盘连串而成，浅底盘边缘口面的高度一般为3～5厘米，圆桶与底盘之间用短链相连，可调节桶与盘之间的间距，底盘正中央设一锥形体，底面直径比圆桶底口小3～4厘米，便于饲料自上而下向浅盘四周滑散，这种桶加一次料可供鸡采食1～2天。悬挂高度以底盘口面线高于鸡背线1～3厘米为宜，大、中、小型号的料桶按相应鸡龄配置，均按每30只鸡配一个料桶。也可自制条形料槽，材料有木板、竹筒和镀锌铁皮等，木板和铁皮条形料槽槽口两边缘向内弯入1～2厘米，或者在边缘口嵌1.5～2厘米厚的木棍，以防鸡将饲料勾出，中央装一个能自动滚动的圆木棒，防止鸡站在槽内排粪而污染饲料，也有采用直径为8～14厘米的毛竹制成口面宽为6～11厘米的大小不等的料槽，下方用木架固定。条形料槽的大小和高度应根据鸡的大小而定。1～2周龄肉鸡的槽位为4～5厘米，2～4周龄为6～7厘米，6～8周龄为8～10厘米，食槽高度以料边缘高度与鸡背高或高出鸡背2～4厘米为宜。

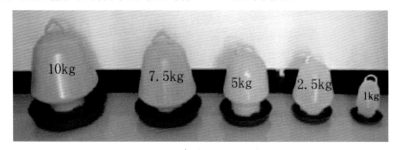

图 2-14 吊式真空组合塑料饮水器

供水设施多采用清洁卫生的吊式真空组合塑料饮水器（参见图2-14），有大、中、小3种型号以供大、中、幼鸡饮水；人工操作加水，由水筒和水盘两部分组成，水筒的顶部呈锥形，可防止雏鸡站在顶上，圆筒的顶部和侧壁一定不能漏气，底盘的大小要根据鸡的大小来选择，只能让鸡喝到水而不能让鸡站到水中。圆筒的底部开有两个圆孔，孔的位置不能高过圆盘的上边缘，以免水会溢出底盘外，这种饮水器结构较简单，便于清洗和消毒，但劳动强度较大。普拉松自动饮水器（参见图2-15）可减小劳动强度，它是由无压水箱、输水管和普拉松饮水器组成，无压水箱安装在舍内较高的位子，内装有水位控制装置和加药器，与自来水管相连，普拉松饮水器可自由调节水位和自动供水。

环控条件较好的半开放式和开放－密闭式鸡舍可采用全自动喂料系统和全自动饮水系统。

图 2-15 普拉松自动饮水器

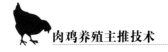

2.地基、地面、屋顶、墙体和窗户

全开放式肉鸡舍一般建在绿林生态肉鸡场的绿林地中，只起挡风遮雨的作用，地基和地面以不破坏原有土地为原则而不进行复杂处理，鸡舍往往采用组合式大窗板房或卷帘式简易房。半开放式和开放－密闭式鸡舍的地基、地面、屋顶和墙体设计要求可参见第2节。

窗户是开放式鸡舍通风和供光的进出口，因此，窗户要便于开关，以充分发挥其采光、通风、夏季防暑、冬季防寒的功能。窗户的多少、高低与大小取决于开放式鸡舍的类型、所养肉鸡的周龄及当地气候条件。全开放式的窗户最大（甚至单侧无墙），半开放式要小一些，开放－密闭式则安装带密封遮光板的多功能电动自动开启专用窗。幼雏鸡舍与北方寒冷地区育肥鸡舍的窗户较小，为鸡舍面积的 1/4～1/3，南方的育肥鸡舍较大，为鸡舍面积的 1/2，采用卷帘式的鸡舍在温暖季节甚至将四周卷帘全部卷起来，形成全开放式。南北窗户要有高度差，以主导风向一侧墙窗口的位置较低，也有把两侧墙的窗子做成上下两排以根据通风的要求开关部分窗户，既利用了自然风力又利用了温差。为使鸡舍内通风均匀，窗户应该对称且均匀分布，为防止冬季冷风直接吹到鸡身上，可以安装挡风板。窗户结构应有3层，外层是钢筋防止偷盗或兽害，中层是细纱网防止鸟类和苍蝇，内层是玻璃（北方可用双层）用于冬季保温。屋顶可安装气楼或通风筒，气楼比窗户能更好地利用温差，鸡舍内采光也较好，但结构复杂，造价偏高，通风筒的原理与气楼相似，结构比气楼简单，气楼和通风筒的高度应高出屋顶60厘米以上。

（二）开放式肉鸡舍的环境条件与设施配套技术

1.温、湿度条件与设施配套技术

开放式鸡舍虽然对环境控制的程度低，但为保证肉鸡正常生长所需的环境温度，还需要配套温控设施。温控升温可采用电热育雏伞、燃煤火炉和火道、燃煤或燃气热风炉、暖气自动供热。电热育雏伞由伞部和内伞两部分组成，伞部用镀锌铁皮或纤维板制成伞状罩，内伞有隔热材料，热源用电阻丝、电热管或红外线灯管等，安装在伞内壁周围，伞中心安装灯泡增热和照明，直径为2米的育雏伞可养雏鸡300～500只。保温伞育雏时要求室温24℃以上，伞下距地面高度5厘米处温度35℃，雏鸡可以在伞下自由出入，电热育雏伞一般用于垫料或网上平面育雏，一定要注意用电安全。燃煤火炉和火道供温有地上烟道和地下烟道两种，烟道的长度和高度需根据鸡舍面积的大小而定，一端与炉灶相连，另一端接烟囱，烟囱穿出屋顶并高出鸡舍1米以上，平养和笼养均适宜烟道供温，一定要注意烟道不能漏气，以防煤气中毒。由于铁皮火炉和火墙供热不均稳，建议最好不用于鸡舍供温。燃煤或燃气热风炉主要由热风炉、通风机和传热带等组成，以煤或燃气为燃料，为鸡舍供给无污染的热空气，适用于平养或笼养，但由于热空气较干燥，因此，一定要注意舍内湿度。不论采取哪种供温方式，关键是必须保证鸡群生活区域的温度要适宜和均匀。半开放式和开放－密闭式肉鸡舍可采用自动供热系统。

炎热季节在鸡舍内安装电扇或吊扇采用通风降温可起到一定效果，但当环境温度超过30℃时，吹的风也是热风，肉鸡已感觉不到舒适凉爽。种树遮阳降温是在建造鸡舍时，每栋鸡舍两侧各栽植两行杨树，树距鸡舍1.5米左右，行距3米，杨树成林后，繁茂的杨树遮住照射鸡舍的阳光，可降低鸡舍温度3～8℃，还可改善鸡舍周围小环境，但飞鸟常在树上坐窝，易传染疫病，不利于防疫。还可种植爬山虎、丝瓜等植物，让这些植物爬满舍顶，让"植物"保护"动物"，建立动植物"和谐共处"的环境，一般可降低鸡舍温度 2 ~ 3℃。遮阳网遮阳降温也是开放式肉鸡舍常用的一种降温方式，遮阳网必须高于鸡舍屋面 50 厘米以上，用毛竹、木杆支撑固定遮阳网，降温幅度也是 2 ~ 3℃。降温效果最显著的方式还是湿帘风机降温系统。

2. 空气质量和通风

开放式肉鸡舍的空气质量要求参见第二节。开放式肉鸡舍的通风主要是依靠自然通风（风压作用）和舍内外温差（热压作用）形成的空气自然流动，使鸡舍内外空气得以交换。自然通风一般采用横向通风，在迎风面（上风向）的下方设置进气口，背风面（下风向）的上部设置排气口，在房顶设计排气筒或气楼并要高出屋顶 60 ~ 100 厘米，其上应有遮雨风帽，风筒的舍内部分也不应小于 60 厘米，为了便于调节，其内应安装保温调节板，便于随时启闭。开放式鸡舍还可采用风机机械通风，机械通风分为正压通风和负压通风两种方式，正压通风是通风机把外界新鲜空气强制送入鸡舍内，使舍内压力高于外界气压，这样将舍内的污浊的空气排出舍外，负压通风是利用通风机将鸡舍内的污浊空气强行排出舍外，使鸡舍内的压力略低于大气压成负压环境，舍外空气则自行通过进风口流入鸡舍。机械通风一般采取纵向通风方式，排风机全部集中在鸡舍污道端的山墙上或山墙附近的两侧墙上，进风口则开在净道端的山墙上或山墙附近的两侧墙上，将其余的门和窗全部关闭，使进入鸡舍的空气均沿鸡舍纵轴流动，由风机将舍内污浊空气排出舍外，纵向通风设计的关键是使鸡舍内产生均匀的高气流速度，并使气流沿鸡舍纵轴流动，因而风机宜设于山墙的下部。半开放式和开放 - 密闭式肉鸡舍也可采用环境自动控制系和智能环境控制系统（参见第二节）。

3. 光照管理

开放式肉鸡舍主要采用自然光照，采光面积取决于屋顶和侧墙的窗户面积，但要注意采光面积过大，不利于寒冷季节的保温和炎热时期的防辐射热。自然光照的不足时需进行人工光照，根据不同日龄的光照要求和不同季节的自然光照时间进行控制，用灯泡补光可在肉鸡育雏期前两周以光照 2 ~ 3 瓦 / 平方米，以后 0.75 瓦 / 平方米为宜。

4. 清粪与粪污、死淘鸡的处理。

采用地面平养的开放式肉鸡舍可采用发酵床微生态养鸡，床体的垫料可选择秸秆、木屑、稻壳、玉米芯等，可采用单一原料制作床体，也可采用多种原料混合制作床体，抗炭化能力较强的木屑制作的床体使用寿命最长；床体的厚度可为 20 ~ 50 厘米，南方地区低温季节 30 厘米，高温季节 20 厘米，北方地区相应地增加厚度 10 ~ 20 厘米即可，在生产过程中，应根据垫料的实际炭化程度对垫料厚度进行适当调整，发酵菌种的添加量可参照所购买商品菌种的说明书。网上平养或笼养可参照第二节。

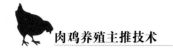

二、开放式肉鸡舍的特点

（一）开放式肉鸡舍的优点

设计、建材、施工工艺及内部设置条件简单，造价低，投资少，在设有运动场和喂青料的情况下，对饲料的要求不很严格，而且鸡能经常活动，适应性较好，体质较强健，鸡肉品质深受消费者喜爱。在气候较为暖和、全年温差不太大的地区，采用开放式鸡舍饲养肉鸡同样可以获得较好效果。

（二）开放式肉鸡舍的缺点

鸡的生理状况与生产性能均受外界条件变化的影响，生产的季节性极为明显，不利于均衡生产和保证市场的正常供给。由于开放饲养特别是全开放式鸡舍，鸡体通过昆虫、飞鸟、土壤、空气等各种途径感染疾病的可能性大；占地较大，用工较多。

三、成　效

虽然传统的肉鸡舍全部是开放式鸡舍，直到现在我国仍有 80% 肉鸡场使用着开放式鸡舍，但现代的开放式肉鸡舍与传统的开放式肉鸡舍有着本质的区别，其养殖规模、生产技术标准和设施配套等发生了根本性变化。其主要成效如下。

（一）促进我国肉鸡产业的多元化

开放式鸡舍所具有的全开放式、半开放式和开放－密闭式的多样性促成了我国肉鸡产业在肉鸡品种类型（中速型优质肉鸡、慢速型优质肉鸡和快大型肉鸡）、饲养方式（舍内地面厚垫料平养、舍内网上平养、笼养和野外放养）、生产模式（专业户、公司、公司＋专业户）、市场销售（特优型和各种羽肤色的鲜活鸡、冰鲜鸡和冷冻鸡的西装鸡、深加工的分割鸡、传统工艺和现代工艺加工的熟食鸡）的多元化，使我国肉鸡业在多元化模式中不断成长、成熟、发展和壮大。

（二）促进我国优质肉鸡业的康健发展

我国的优质肉鸡具有羽毛丰厚、毛色美观、皮薄细嫩、肌纤维致密，皮下和肌间脂肪适中且分布均匀、风味浓香、肉质鲜美，口感好等特点，具有坚实的市场基础，是具有中国特色的、民族的、大众的新兴产业。随着市场经济的发展和人们生活水平的不断提高，人们的饮食消费观念开始转变为吃营养、吃风味，追求健康，优质肉鸡的比重从 1990 年的 20% 上升到 2010 年的 50%，预计 2020 年将达到 80% 以上，优质肉鸡产品将会逐步成为我国肉鸡产业的主流。由于优质肉鸡多采用仿生态圈养或放养生产模式，所以，目前我国优质肉鸡的饲养鸡舍大部分都采用开放式鸡舍。现代的开放式鸡舍既能满足鸡群的生物学特性要求，造价又低，所养的优质肉鸡价格还高，适合于我国广大农村的专业养殖户，在广大农民脱贫致富、农业产业结构调整、农业产业化建设等方面具有重要作用。

四、案 例

（一）玻璃钢保温板开放式肉鸡舍的建造技术

1. 养鸡规模

单栋舍饲养3000只，鸡舍长×宽为45米×8米，占地360平方米。

2. 玻璃钢保温板的特点

玻璃钢保温板为双面镁纤复合板，是绿色环保节能型建材，具有防火防水防潮、抗酸碱、耐腐蚀、抗老化、无毒无味、隔音、质轻保温和安装便捷等特点。玻璃钢保温板厚度为10厘米，中间夹层为聚苯泡沫，自重每平方米为15千克，短期荷载极限值每平方米为508千克，聚苯泡沫容重每平方米为10千克。玻璃钢保温板建材坚固耐用（使用寿命20年以上）、保温隔热性好（10厘米保温板相当于50厘米砖墙）、墙体光滑美观便于冲洗消毒、价格低廉（每平方米比可砖瓦结构、彩钢板和彩钢瓦结构鸡舍节约成本100元以上），已广泛使用于畜禽场饲养舍和温室大棚等的建设。

3. 鸡舍结构

鸡舍屋顶多为人字形，鸡舍屋面和墙体全部采用玻璃钢保温板，柱与檩也是用镁纤材料制成的玻璃钢保温板柱和檩。墙体在地面以上水平高度为2米，平地下埋深0.3米，起脊高度1.5米。鸡舍每面山墙各开规格为1.8米×1米的门，鸡舍脊部每隔4米开规格为0.6米×0.8米的天窗1个，侧墙每3米开规格为0.9米×1.0米的侧窗1个，每3米开规格为0.3米×.04米的地窗1个，要求天窗与地窗的位置要垂直错开。地下通风道用直径20厘米的PVC管材20根，每根长4.5米，舍内留3.4米，其余为舍外部分。将PVC管埋于地下30厘米处，每侧10根。舍外管道开口高于地面10厘米，外罩铁丝网。舍内开口设在火炉附近，开口高于地面5厘米。玻璃钢鸡舍的通风系统主要由地窗、侧窗和天窗组成。夏季通风采取"地窗＋侧窗＋天窗"形式进行，冬季通风采取"地下送风道＋天窗"进行。玻璃钢保温板开放式肉鸡舍示意图见图2-16、图2-17。

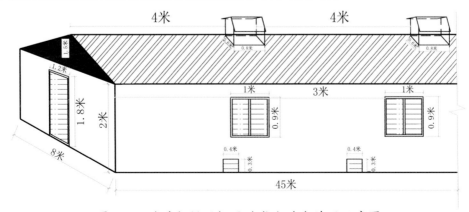

图 2-16 玻璃钢保温板开放式肉鸡舍外观示意图

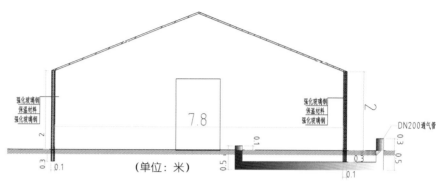

图 2-26 玻璃钢保温板开放式肉鸡舍截面示意图

（二）卷帘开放式肉鸡舍的建造技术

1. 养鸡规模

单栋舍饲养 2000 只，鸡舍长 × 宽为 40 米 ×6 米，占地 240 平方米。

2. 卷帘材料

卷帘材料主要有双覆膜尼龙编织布和 PVC 涂塑防水帆布等。双覆膜尼龙编织布由尼龙编织布两面均覆以塑料薄膜而制成，具有良好的防水防风性能，耐磨性强，重量轻、柔软、导热系数远低于玻璃，保温性能优于玻璃，可阻挡长波射线（红外线），易透过短波射线（可见光），透光性能好，但不耐晒，易老化，使用年限 3 ～ 5 年。PVC 涂塑帆布具有防水、防霉、抗撕裂、耐寒、耐老化、防静电等特点，而且可根据用户需要定做不同颜色和不同厚度的卷帘，使用年限 8 ～ 10 年。

3. 鸡舍结构

鸡舍两端山墙用砖砌成，鸡舍前后不安窗，卷帘侧砌 30 厘米墙，其余部分全部敞开。安装舍内层和舍外层两层卷帘布，卷起方向相反，从而可以在不同高度闭合，调节开放口，达到各种通风要求。卷帘机可电动和手动两用，夏季卷帘全部卷起，形成上部和下部两条通风带，室内气流形成"穿堂风"，鸡舍散热很好；冬季夜间卷帘盖封闭，由于封闭良好，可以把鸡体散发的热量保存，从而不至于舍温过低，白天随气温的上升，开启卷帘有利于通风换气。所以，该鸡舍克服了开放式鸡舍难于保温的缺点。卷帘式鸡舍示意图见下图 2-18。

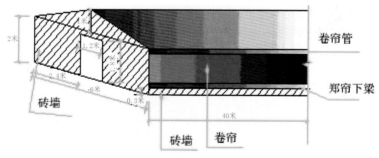

图 2-18 卷帘式肉鸡舍外观示意图

卷帘开放式鸡舍，在我国南北方均可采用。在黄河以北一般安装内外两层卷帘布，在南方、西南等地安装一层即可。

卷帘式鸡舍也可以采用金属框架结构、轻质保温材料的建筑复合板块，组合式构筑，有利于缩短施工工期，降低造价，同时拆迁方便。组合构件可以定型由工厂专业化生产，也可根据当地建筑材料，使用砖瓦、钢筋水泥立柱、屋架建造。

（三）塑料拱棚发酵床肉鸡舍的搭建技术

1. 养鸡规模

单栋饲养2000只肉鸡，鸡舍长×宽为35米×8米，占地240平方米。

2. 鸡舍结构

塑料拱棚建筑材料。建筑材料可用竹竿、塑料薄膜、铁丝、草帘、木棍（或粗竹竿）、砖等简单建筑材料。

鸡舍以南北走向为宜，鸡舍四周地基砌50砖墙0.6米以修建发酵床，两端山墙砌24砖墙，山墙留一个1米×1.8米的门，由于拱棚中间需建一排顶柱，因此，门的一边靠山墙的中央垂直线，门正对舍内走道。鸡舍横切面最高点2.8米，两肩24砖墙高0.3米，两肩以上为弓形，拱棚纵向建3排顶柱，中间一排最高为2.8米，另外两排高为1.8米，在3排顶柱上加平行的3排横木，横木与顶柱用铁丝固定好，与横木交叉成90°角按每3根固定一根拱形竹竿（3厘米粗），棚顶为3层结构，第一层为外塑料薄膜，第二层为草栅或麦秸等保温材料（厚4～6厘米），第三层为内塑料薄膜，冬季可在外塑料膜外上加一层塑料编织袋保温，注意两端墙与棚顶塑料膜不要固定太死，以免冬季塑料收缩拉坏端墙，鸡舍走道地面可用三合土或水泥铺平，走道两侧下挖30～50厘米用于铺厚垫料建发酵床。塑料拱棚发酵床肉鸡舍示意图见图2-19、图2-20和图2-21。

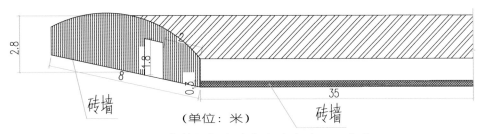

图 2-19 塑料拱棚发酵床肉鸡舍外观示意图

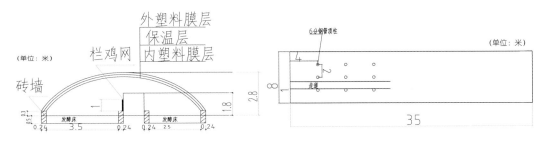

图 2-20 塑料拱棚发酵床肉鸡舍截面示意图　图 2-21 塑料拱棚发酵床肉鸡舍俯视示意图

第三章 肉鸡饲料营养及加工技术

第一节 饲料安全控制技术

饲料的安全是影响肉鸡健康、生长，以及肉食品安全性的重要前提。饲料安全性受到霉菌毒素、病原微生物、重金属和抗营养因子等因素影响，其中霉菌毒素和抗营养因子含量是常见的影响因素。

一、饲料霉变的鉴别和防霉处理技术

饲料中丰富的蛋白质、淀粉、维生素等营养成分，在适宜的温度和湿度条件下，各种霉菌和细菌会大量生长繁殖，使饲料发生霉变。饲料的收获、运输、饲料原料和混合饲料贮藏过程操作不当都容易造成真菌污染事件发生。此外，干旱、玉米穗被穗虫或其他昆虫、鸟、冰雹或者早期霜冻损坏会导致玉米在田间被黄曲霉侵害；谷物处于高温、高湿以及谷物水分高于30%使谷粒易受真菌侵害。据联合国粮农组织调查，全世界每年10%左右谷物、油料种子和饲料被真菌污染。2008年针对我国饲料原料的霉菌毒素污染情况调查表明，肉鸡饲料常用的原料均存在不同程度地被霉菌毒素污染。玉米、玉米加工副产物（DDGS、玉米蛋白粉、玉米胚芽粕、酒糟）是霉菌毒素的主要来源，80%以上原料存在被黄曲霉毒素B_1、呕吐毒素、玉米赤霉烯酮等多种霉菌毒素污染现象，影响配合饲料的安全性。原料或饲料发生霉变将产生霉菌毒素，轻则抑制肉鸡采食、造成肉鸡腹泻，饲料便，影响饲料报酬；同时造成肉鸡肠炎、球虫病反复发生，大肠杆菌易感性增加；严重的情况下造成免疫抑制，抗体不能达到应有的滴度，后期易感染非典型新城疫等病毒性疾病。因而，加强对霉变原料的检测、防霉脱霉技术、降低霉菌毒素毒害是确保肉鸡健康的养殖基础。

（一）饲料霉变的快速鉴别技术

很多途径导致饲料霉变，在仓储期间发生过霉变的饲料或原料大多会产生色泽、气味等方面的变化，但如果作物在田间生长期间发生霉变，则很难从色泽、气味方面来判断，需要采用实验室方法来检测。早期采用的紫外光照射或者"黑灯法"来检测原料中是否含有霉菌毒素，受到多数霉菌毒素并不具备荧光性，而有些非霉菌毒素物质却具有荧光性的干扰，"黑灯法"导致的假阳性或者假阴性概率非常大，需要采用更准确的检测方法。目前，饲料和原料中的多种霉菌毒素采用高效液相色谱法测定，但该方法需要精密仪器，样品处理过程复杂，耗时较长，检测成本较高。目前，市场上已经有很多采用酶联免疫原理而生产出来的霉菌毒素快速检测试剂盒或者试纸卡（条）。

一般来说试剂盒可以半定量或者定量检测霉菌毒素，而试纸卡只能定性或者半定量检测。试纸卡检测法根据检测霉菌毒素种类分黄曲霉毒素B_1、玉米赤霉烯酮、呕吐毒素、伏

马毒素 B$_1$、T-2 毒素、赭曲霉毒素 A 等试纸卡。不同检测卡检测灵敏度不同，最高能检测 5 毫克 / 千克。不同公司试纸卡前处理方法不同，但均需要样品粉碎机，电子秤，饲料分级筛，试管，微量取样器 50 毫升，1 毫升两种等器材。

具体检测方法：取 5 克以上有代表性的样品粉碎（过 20 目筛），准确称取 2 克均匀粉碎的试样加入样品管（试管即可）中，再加入 1 号稀释液 3 毫升，用力振荡 5 分钟，静置一段时间让饲料样品沉降彻底，上清液清亮。根据检测残留限量要求量取一定体积（见表 3-1）的上清液到检测管（离心管）中，再加入 2 号稀释液 300 毫升，混匀，形成检测液。将未开封的试纸卡打开，水平放置，用滴管向试纸卡孔缓慢逐滴加入 1 滴检测液（注意不能含气泡），5 分钟后根据试纸卡图 3-1 所示，C 线和 T 线是否出现判定霉菌毒素是阴性（C 线显色，T 线肉眼可见，无论颜色深浅均为阴性，即没有检测出霉菌毒素；C 线显色，T 线不显色，或者 T 线隐隐约约，为阳性，即含有霉菌毒素。并根据试纸卡灵敏度大致判定霉菌毒素的含量。假如只出现 T 线，或者任何线均不出现则为无效检测。

表 3-1 稀释液表

检测限，毫克 / 千克	5	10	20	30	50
上清液，毫克	300	100	50	30	15

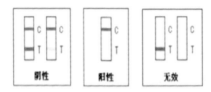

图 3-1 试纸卡显色图

（二）饲料防霉技术

饲料的霉变与存放条件、方式，时间均有直接的关系。因而，采取正确的存放方式有助于减少饲料霉变。本技术从饲料库土建、饲料堆放和添加防霉剂 3 个方面进行综合的防霉措施。包含地面防渗处理、饲料的存放技术、采用添加剂防止霉变技术。

1. 地面防渗处理技术

饲料车间或饲料原料库、成品库最好对地面进行防潮处理，即在水泥地面铺油毡或土工膜后再用水泥进行硬化处理，达到防潮效果。

2. 饲料的存放技术

将饲料用含塑料内膜的编织袋装好，尽量让编织袋离地，可以平放在木卡板（图 3-2，图 3-3，图 3-4）或铁架上（图 3-5）。标准的木卡板或铁架一般长 120 厘米，宽 100 厘米，高 10 厘米，每块木板宽 10 厘米，中间间距 45 厘米，木卡板正反面见图 3-6 和图 3-7。可以用简易手动搬运车（图 3-8）进行搬运，或采用液压搬运车（图 3-9）进行搬运，为节省空间，也可以采用带升降功能的液压搬运车或叉车进行重叠码垛（图 3-10）。

饲料码放时，尽量与窗、墙壁保持一定的距离。如果不能做到离地离墙，尽量不能让封口处靠地、靠墙、靠窗，防止墙上渗水或潮气进入饲料袋。此外，仓库要通风、阴凉、干燥、清洁，没有霉积料。

图 3-2 简易货架

图 3-3 木卡板

图 3-4 川字木卡板反面及饲料堆放图

图 3-5 铁质托架

图 3-6 木卡板（正面）

图 3-7 木卡板（反面）

图 3-8 简易手动搬运车

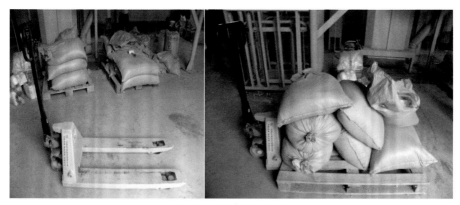

图 3-9 液压搬运车

图 3-10 饲料重叠码垛

3. 采用防霉剂防止霉变

防止饲料发生霉变的最有效方法之一就是在饲料中添加具有抑制微生物生长繁殖、防止饲料发霉变和延长贮存时间的饲料添加剂。在环境温度 7℃ 以上、相对湿度 75% 以上，就应该开始在饲料中添加防霉剂，而到了高温高湿季节，即温度在 24～32℃、相对湿度在 75% 时，为了防止饲料中霉菌繁殖，更需添加一定量的防霉剂。防霉剂种类很多，但肉鸡饲料中常用丙酸及其盐类作为防霉剂。

丙酸抑菌主要依靠它的游离羧基破坏微生物细胞或使酶蛋白失活，从而使微生物的正常代谢受阻。配合饲料中添加丙酸，应根据饲料的水分含量来决定丙酸的添加量，一般在 0.25%～0.45% 之间。由于丙酸具有高度腐蚀性，并具有刺激性气味，对人产生危害，可以采用具有低腐蚀性、低挥发性的缓冲丙酸，如丙酸钙、丙酸铵、二丙酸铵进行防霉。丙酸钙防霉效果只有丙酸的 40%。具体使用方法是：密封包装的含水量 12.5%～13.5% 的颗粒料贮存 1 个月以上，应添加 0.3% 的丙酸钙。水分在 11.55%～12.5% 的粉料贮存 2 月以上的则加丙酸钙 0.15%。南方地区由于雨水较多，3～5 月间最好添加 0.2%～0.4% 的丙酸钙或丙酸钠。目前，认为二丙酸铵 pH 值趋于中性，对人和机器无腐蚀性，挥发性小，饲料中存放 60 天后损失率只有 3%。用量小, 饲料或原料含水 12% ～ 14% 时添加 0.5 ～ 0.8 毫升 / 千克, 含水量 14% ～ 18% 时添加 0.8 ～ 1.5 毫升 / 千克, 防霉效果见表 3-2。

表 3-2 不同丙酸化合物防霉效果

名称	防霉效果	腐蚀性	挥发力	扩散力	分解系数
丙酸	100	100	100	100	100
丙酸钙	40	3	0	5	5
丙酸铵	60	3	3	60	70
二丙酸铵	90	5	5	90	90
四丙酸铵	70	5	5	70	80
丙酸脂	40	3	1	30	5

4. 被水浸泡或淋雨饲料应急处理技术

由于水灾, 淋雨或其他原因导致饲料水分含量过高, 如果不能通过晾晒等方式干燥, 得不到快速紧急处理, 尤其是夏天高温天气容易导致饲料迅速霉变。本技术即为湿饲料紧急处理建立的应激预案。建议将湿料直接饲喂, 尽快饲喂。如果饲喂不完, 尽快将湿饲料摊开, 晾晒, 或用电风扇吹干, 防止发热霉变; 如果就近饲料厂有干燥设备, 可以通过饲料厂进行烘干, 或用炕头加热烘干, 土法用锅热炒; 或采取加入益生菌或面粉酵母, 以饲料中水分不至于挤出为准进行堆积发酵 3 天, 即延长饲喂时间, 又可以防止饲料霉变。

二、霉变饲料的处理技术

本技术主要针对饲料已经发生霉变, 在饲喂肉鸡前, 通过物理方法降低霉菌毒素含量。包括饲料水洗、石灰水浸泡、热处理等方法。

(一) 水洗法

籽实类饲料出现霉变, 先将发霉的饲料粉碎, 倒入缸中, 加 3 ～ 4 倍水搅匀, 以后每天换水搅拌两次, 直到浸泡的水由茶色变成无色为止。

(二) 石灰水浸泡法

本技术主要依据碱能破坏黄曲霉毒素的内酯环使之失去毒性的原理。花生、玉米均可用此法本方法。方法是: 用石灰配置成 0.8% ～ 1.2% 的石灰水, 将霉变饲料与石灰水按 2 : 1 的比例混合, 搅拌 15 分钟, 最好加热蒸煮, 静置 3 小时, 将水倒出, 再用清水冲洗 1 ～ 2 次, 去毒效果可达 60% ～ 90%。

(三) 热处理法

本技术主要依据黄曲霉毒素虽然对热稳定, 但在高温下也能部分分解的原理。对于饼粕类原料, 用 150℃ 的温度焙烤 30 分钟, 可使 48% ～ 61% 的黄曲霉毒素 B_1 和 32% ～ 40% 的黄曲霉毒素 G_1 被破坏。

（四）药物法

将发霉饲料用浓度为 0.1% 的高锰酸钾水溶液浸泡 10 分钟，然后用清水冲洗两次，或在发霉饲料粉中加入 1% 的硫酸亚铁粉末，充分拌匀，在 95 ～ 100℃ 的条件下蒸煮 30 分钟，即可去毒。

（五）加入专用脱霉剂

本技术针对不清楚饲料是否霉变，但观测到肉鸡有霉菌毒素中毒症状后采用的技术措施。如果肉鸡发生霉菌毒素中毒，建议饲料或饮水中添加多维、维生素 C 等解毒；或添加饲用葡萄糖氧化酶，脱毒剂等把蓄积在体内的毒素快速代谢掉。

市场上销售的脱毒剂产品种类非常多。从脱毒的机理上看主要有 3 类，最常见的是吸附脱毒，其次是酶解脱毒，第三类是采用多维、中草药等消除毒素致的机体损伤。严格来说第三类机理不属于脱毒而是属于消除毒素效应或者说解毒。

吸附剂中常用的是黏土类吸附剂和酵母细胞壁成分吸附剂。黏土种类非常多，但真正起吸附毒素作用的是 2:1 （四面体：八面体：四面体）结构的蒙脱石。蒙脱石含量越高的黏土，对霉菌毒素的吸附能力越强。如暂时没有脱霉剂，可以在发霉饲料中添加 5% 麦饭石、膨润土，沸石粉等，再每吨添加 200 克维生素 C 的方法。饲料中霉菌毒素少时，加 0.25%硅酸盐或 0.25% 膨润土，饲料中霉菌毒素多时，添加 0.5% 硅酸铝或 1.0% 膨润土。

酵母细胞壁成分中的甘露寡糖和 β - 葡聚糖对玉米赤霉烯酮有很好的吸附能力，而且还可以促进动物的免疫功能和调节肠道健康，也可以用于脱毒。

三、饲料脱毒技术

由于我国蛋白质资源缺乏，棉粕、菜粕等富含抗营养因子的杂饼粕大量用于肉鸡饲料中，影响肉鸡的健康和营养物质的利用。控制棉粕、菜粕中的抗营养因子含量，降低其毒性，是提高棉粕、菜粕利用，保障肉鸡健康生产的重要措施。

（一）棉粕的简单脱毒技术

棉粕富含蛋白质，广泛用于肉鸡饲料中。但棉粕中富含棉酚等抗营养因子，棉酚分为结合棉酚和游离棉酚。结合棉酚，即棉粕中大部分的棉酚与氨基酸和蛋白质结合，难以被动物消化吸收，能够很快排出体外，所以，对动物的危害不大。对动物危害最大的是游离棉酚，游离棉酚是一种神经、血管和细胞毒素，能导致肝脏多灶性胆管增生和外周淋巴细胞增生、在肝脏门静脉周的肝细胞严重堆积黄褐色色素，造成肝脏损伤；棉酚还会刺激肠道，引起胃肠黏膜出血；棉酚的活性基团羟基和醛基可以与蛋白质和氨基酸结合，降低蛋白质和氨基酸的消化利用率；能降低肉鸡采食量、日增重和饲料转化率，影响棉粕在肉鸡日粮中的大量使用。所以，在配合饲料的过程中，必须严格控制饲料中游离棉酚含量。GB 13078—2001 严格规定了肉仔鸡配合饲料中游离棉酚含量应低于 100 毫克 / 千克。

棉粕中含游离棉酚（200 ～ 1445.4 毫克 / 千克），如果未经浸提，炸油过程中高温加热不充分，脱壳不全的棉粕，品质较差，游离棉酚含量高，可能超过国家禁用值（即

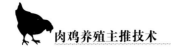

≥1200 毫克 / 千克)。结合棉酚在消化过程中，能释放出游离棉酚；通过脱毒处理，可以提高棉粕在肉鸡饲料中的添加水平。由于 Fe^{2+} 能与游离棉酚反应生成棉酚 – 铁络合物，使游离棉酚的活性羟基失活而达到脱毒的目的。

硫酸亚铁处理棉粕脱毒法：根据饲料中游离棉酚含量按等摩尔浓度添加亚铁离子。例如，棉粕在肉鸡前期饲料中添加 5%，后期最多添加 15% 计算，日粮中游离棉酚最高含量前期可能为 75 毫克 / 千克，后期 225 毫克 / 千克，一水硫酸亚铁中含铁为 30%，则如果饲料中添加 5% 棉粕，需要添加一水硫酸亚铁 0.025%；如果添加 15% 棉粕，则需要添加 0.075% 一水硫酸亚铁。即添加棉粕后，按等量亚铁量，将一水硫酸亚铁直接添加到配合饲料中，混合后即可饲喂。

（二）菜粕的脱毒技术

我国盛产菜籽粕，菜籽粕也常用于肉鸡饲料中。由于菜籽粕富含硫葡糖苷、芥子碱等抗营养因子，硫葡糖苷本身并无毒，但在芥子酶的水解作用下，产生噁唑烷硫酮、异硫氰酸盐以及腈和硫代氰酸盐等毒性很强的物质，影响饲料的适口性，并导致动物甲状腺肿大，皮下出血，并影响肾上腺皮质、脑垂体和肝脏等器官的功能，降低肉鸡生产性能。因而，对菜籽粕进行脱毒处理，降低其抗营养因子含量才有助于提高菜籽粕在肉鸡日粮中的使用量和使用效果。

EM 发酵处理菜籽饼粕脱毒法：每 100 千克菜籽饼（粕）使用 EM 原液 0.1～0.3 升，加等量糖蜜或红糖，用 20～30 千克水稀释后均匀拌入固体饲料中，注意：水分含量掌握在一捏成团、一触即散。一般发酵 2～3 天，待出现酒曲醇香气味，即发酵成功。EM 发酵处理菜籽饼粕中异硫氰酸盐减少 95%。

第二节 饲料原料的鉴别技术

饲料原料质量是保证配合饲料质量，保障肉鸡生长发育的重要前提，本技术是针对我国饲料市场容易出现掺假，导致饲料原料品质不能得到保证而提出的控制措施。

一、动物性蛋白饲料原料掺假的鉴别技术

（一）鱼粉掺假鉴别技术

由于鱼粉价格高，容易出现掺假现象。鱼粉中常掺有菜籽粕、棉籽粕、羽毛粉、血粉、皮革粉、花生粕、芝麻粕、大豆粉、虾粉、蟹壳粉、贝壳粉、肉骨粉、尿素等，具体检查方法如下。

1. 感观检查法

（1）视觉

优质鱼粉颜色一致，呈红棕色、黄棕色或黄褐色等，细度均匀。劣质鱼粉为浅黄色、青白色或黑褐色，细度和均匀度较差，掺假鱼粉为黄白色或红黄色，细度和均匀度差。

标准鱼粉颗粒大小一致，可见到大量疏松的鱼肌纤维以及少量鱼刺、鱼鳞、鱼眼等，颜色呈浅黄、黄棕色或黄褐色，用手捏有疏松感，不结块，不发黏，有腥味，无异味；掺假的鱼粉可见颗粒、形状、颜色不一的杂质，少见或不见鱼肌纤维及骨、刺、鳞、眼球等，呈粉状且颗粒细，易结块呈小团状，手握成团块状，发黏，色味淡，有异味。

（2）嗅觉

优质鱼粉是咸腥味；劣质鱼粉为腥臭或腐臭味，掺假鱼粉有淡腥味、油脂味或氨味等异味。掺有棉籽粕和菜籽粕的鱼粉，有棉籽和菜籽味，掺有尿素的鱼粉，略具氨味，掺入油的鱼粉，有油脂味。

气味检测法：取样品 20 克放入三角瓶中，加入 10 克大豆饼和适量水，加塞后加热 15 ～ 20 分钟，去掉盖子后，如闻到氨气味，说明掺有尿素。

（3）触觉

优质鱼粉手捻质地柔软具鱼松状，无沙粒感，劣质鱼粉和掺假鱼粉手捻有沙粒感，手感较硬，质地粗糙磨手，如结块发黏，说明已酸败，强捻散后呈灰白色说明已发霉。

2. 水浸法

取少量样品放大试管或玻璃杯中，加入多倍的水，充分振荡后静置，若掺有砂石或其他矿物质则沉到试管或玻璃杯底部，若有棉饼、羽毛粉、麸皮等，即会浮在水面。真鱼粉无此现象。

3. 显微镜检查

鱼粉为黄褐色或黄棕色等轻质物，按鱼肉、鱼骨和磷的特征可以鉴别。

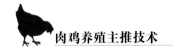

鱼肉镜下表面粗糙，具有纤维结构，类似肉粉，只是颜色浅。鱼骨为半透明至不透明的银色体，一些鱼骨块呈琥珀白色，其空隙呈深色的流线型波状线段，似鞭状葡萄枝，从根部沿着整个边缘向外伸出。鱼鳞为平坦可弯曲的透明物，有同心圆，以深色和浅色交替排布。鱼鳞表面有轻微的十字架，鱼鳞表面碎裂，开成乳白色的玻璃珠。

4. 物理检验

(1) 鱼粉中掺有麸皮、花生壳粉、稻壳粉的检验

取 3 克鱼粉样品，置于 100 毫升玻璃烧杯中，加入 5 倍水，充分搅拌后，静置 10 ～ 15 分钟，麸皮、花生壳粉、稻壳粉因密度轻，浮在水面上。

(2) 鱼粉中掺沙子的检验

取 3 克鱼粉样品，置于 100 毫升的玻璃烧杯中，加 5 倍水，充分搅拌后，静置 10 ～ 15 分钟，鱼粉、沙子均沉于底部，再轻轻搅动，鱼粉即浮动起来，随水流转，而沙子密度大，稍旋转即沉于杯底，此刻可观察到沙子的存在。

(3) 鱼粉中掺植物性蛋白质的检验

取适量鱼粉用火燃烧，如发出与纯毛发燃烧后相同的气味，则为鱼粉，而具有炒谷物的香味，则说明其中混杂了植物蛋白质。

(4) 鱼粉中掺羽毛的检验

将 10 克样品放入四氯化碳与石油醚的混合液（100∶41.5）中搅拌静置，上浮物多为羽毛粉（和海蜇废弃物）。

(5) 测容重法

粒度为 1.5 毫升的纯鱼粉，容重约为 550 ～ 600 克 / 升，如果容重偏大或偏小，均不是纯鱼粉。

5. 化学检验

(1) 鱼粉中掺杂锯末（木质素）的检验

方法 1：将少量鱼粉置于培养皿中，加入浓度 95% 的乙醇浸泡样品，再滴入几滴浓盐酸，若出现深红色，加水后深红色物质浮在水面，则说明鱼粉中掺有锯末类物质。

方法 2：称取鱼粉 1 ～ 2 克，置于试管中，再加入 10% 的间苯三酚 10 毫升，再滴入数滴浓盐酸，观察样品的颜色变化，如其中有红色颗粒产生，则为木质素，即说明鱼粉中掺有锯末类物质。

(2) 鱼粉中掺淀粉类物质的检验

可用碘蓝反应来鉴定。其方法是：取试样 2 ～ 3 克置于烧杯中，加入 2 ～ 3 倍水后，加热 1 分钟，冷却后滴加碘 - 碘化钾溶液（取碘化钾 5 克，溶于 100 毫升水中，再加碘 2 克）若鱼粉中掺有淀粉类物质，则颜色变蓝，随掺入淀粉的增加，颜色由蓝变紫。

(3) 鱼粉中掺入碳酸钙粉、石灰、贝粉、蛋壳粉的检验

可利用盐酸对碳酸盐的反应产生二氧化碳气体来判断。其方法是：取试样 10 克放在烧杯中，加入 2 毫升盐酸立即产生大量气泡，即为掺入了上述物质。

(4) 鱼粉中掺入纤维类物质的检验

如果怀疑鱼粉中掺入纤维类物质，可采用下述检验方法：取试样 2 ～ 5 克，分别用

1.25% 硫酸和 1.25% 氢氧化钠溶液煮沸过滤，干燥后称重。纯鱼粉含纤维量极少，通常不超过 10%。

（5）鱼粉中掺入皮革粉的检验

方法 1：取少许鱼粉样品于培养皿中，加入几滴钼酸铵溶液（以溶液浸没鱼粉为宜）。静置 5～10 分钟，如不发生颜色变化则为皮革粉，如呈现绿色则为鱼粉。

钼酸铵溶液的配制 称取 5 克钼酸铵，溶解于 100 毫升蒸馏水中，再加入 35 毫升的浓硝酸即可。

方法 2：

本测定方法的原理 基于皮革鞣制过程中，采用铬制剂，通过灰化后，有一部分转变为六价铬，在强酸溶液中，六价铬与苯基卡巴脒反应，生成紫红色的水溶性二硫代卡巴脒化合物。

取 2 克鱼粉样品，置于坩埚中，经高温灰化，冷却后用水浸润，加入 2 当量浓度硫酸 10 毫升，使之呈酸性，滴加数滴二苯基卡巴脒溶液，若有紫红色物质产生，则有铬存在，即说明鱼粉中有皮革粉。

2 当量浓度硫酸的配制 量取 55 毫升浓硫酸，倾入有 200 毫升左右的蒸馏水的玻璃烧杯中，再转入 1000 毫升容量瓶中，稀释定容即可。

二苯基卡巴脒溶液的配制 称取 0.2 克二苯基卡巴脒，溶解于 100 毫升 90% 的乙醇中。

（6）鱼粉中掺羽毛粉的检验

称取约 1 克试样于 2 个 500 毫升三角烧杯中，一个加入 1.25% 硫酸溶液 100 毫升，另一个加入 5% 氢氧化钠溶液 100 毫升，煮沸 30 分钟后静置，吸去上清液，将残渣放在 50～100 倍显微镜下面观察。

如果试样中有羽毛粉，用 1.25% 硫酸处理残渣在显微镜下会呈现一种特殊形状，而 5% 氢氧化钠溶液处理后的残渣则没有这种特殊形状。

（7）鱼粉中掺入血粉的检验

取被检鱼粉 1～2 克于试管中，加入 5 毫升蒸馏水，搅拌，静置数分钟后，另取一支试验，先加联苯胺粉末少许，然后加入 1～2 毫升过氧化氢溶液，将被检鱼粉的滤液缓缓注入其中，如两液接触面出现绿色或蓝色的环或点，表明鱼粉中含有血粉。反之，鱼粉中不含血粉。

本方法如不用滤液，而用被检鱼粉直接缓缓注入溶液面上，在液面上及液面以下可见绿色或蓝色的环或柱，表明有血粉掺入，否则没有血粉掺入。

（8）鱼粉中掺尿素的检验

方法 1：称取 10 克的样品于烧杯中，加入 100 毫升水，搅拌，过滤，取滤液 1 毫升于点滴板上，加 2～3 滴甲酚红指示剂，再滴加 2～3 滴尿素酶溶液，静置 5 分钟，如点滴板上呈深红色，则说明样品中掺有尿素。

尿素酶溶液的配制 称取 0.2 克尿素酶，溶解于 100 毫升 95% 的乙醇中。

方法 2：无尿素酶药品时，则可用此方法检查。取两份 1.5 克鱼粉于两支试管中，其中一支加入少许黄豆粉的试管中出现较深红色，则说明鱼粉中有尿素。

方法 3：称取 10 克鱼粉样品，置于 150 毫升三角瓶中，加入 50 毫升蒸馏水，加塞用力振荡 2～3 分钟，静置，过滤，取滤液 5 毫升，于 20 毫升的试管中，将试管放在酒精

灯上加热灼烧,当溶液蒸干时,可嗅到强烈的氨臭味。同时,把湿润的pH试纸放在管口处,试剂立即变成红色,此时pH值高达近14。如是纯鱼粉则无强烈氨嗅味,置于管口处的pH试纸稍有碱性反应,显微蓝色,离开管口处则慢慢退去。

(二)肉骨粉掺假鉴别技术

1. 外观鉴别

取代表样品约100克平铺于白瓷盘中观其颜色应为金黄色直至淡褐色或深褐色,含脂高、加工过热颜色会加深,猪制品颜色较浅。呈均匀的粉状,有明显油腻感。有烤肉香及动物脂肪气味,不应有焦糊气味及氨败气味。不可含有过多之毛发、蹄、角及血粉等。

2. 显微镜鉴别

在立体显微镜下,肉骨粉由浅色的骨和黄色的肉颗粒组成,间杂有深色的血粒和毛发肌肉颗粒表面粗糙,有明显纤维结构,用尖镊子很易撕开;骨为坚硬的白、灰、浅棕黄色碎石块状,可见到点状空隙。血块似干硬的沥青块,黑中透暗红,难以破碎,表面光滑,缺乏光泽;动物毛为或长或短的杆状,半透明,坚韧而弯曲;蹄、角是表面有平行线的灰色颗粒。在生物显微镜下无需观察畜骨;畜毛的直径是较均匀的,中间有明显髓腔;平滑肌色较浅,呈条索状,表面光滑,横纹肌多以团、束状存在,肌纤维表面可见细小棱纹。显微镜法可用于掺假鉴别,但要有较高技术和丰富经验,最好备有标准对照样品。

3. 掺假定性鉴别

肉骨粉掺杂情况相当普遍,最常见的是使用水解羽毛粉、血粉等,较恶劣者则添加生羽毛、贝壳粉、石粉、尿素、铵盐、磷酸盐、蹄角粉和皮革粉等有毒有害物质。

①盐酸溶解法:将少量试样置于表面皿上,用适量1:1盐酸浸湿样品,如果有大量气泡产生且反应剧烈,证明掺入了石粉、壳粉等碳酸盐物质。

②尿素定性法:取少量试样置于点滴板上,加3滴甲酚红水溶液和3滴尿素酶水溶液,5分钟后观察,若有紫红色出现,表明掺有尿素。

③铵盐定性法:将适量试样放入试管中,加5毫升水摇匀,再加1:3稀盐酸和10%氯化钡溶液数滴,如有白色沉淀说明有硫酸铵掺入。另取少量试样置于白色点滴板上,加3颗二苯胺晶粒和2滴水,再加1滴硫酸,呈现深蓝色说明有硝酸铵掺入。

④磷酸盐定性法:在试样中加入10%硝酸银水溶液,产生黄色沉淀表明掺有磷酸盐类矿物质。

⑤浮选分离镜检法:取样约50.0克放入烧杯中,加入四氯化碳和石油醚(100:44.2)200毫升,搅拌后静置10分钟,将上浮物捞起过滤,这部分可能是微量植物性物质和血粉;将沉淀物过滤放入另一烧杯中,加入100毫升四氯化碳,此时的上浮物可能有少量羽毛粉,但以肉粉为主,下沉物则是骨粉和砂砾,把各分离物烘干称重,可知肉、骨比例,有利于判定其品质和热能估算。取上浮物和下沉物适量进行镜检,根据总杂物显微特征估测掺杂物多少,此法可检出血粉、羽毛粉、植物物质(胃内容物、排泄物等)、蹄、角、皮、毛等动物性物质和砂砾、壳粉类。

（三）水解羽毛粉掺假鉴别技术

水解羽毛粉同鱼粉一样属高价产品，所含蛋白质优良，并具未知生长因子，所以，掺假机会大，如掺石粉、玉米芯、生羽毛、禽内脏、头和脚及一些淀粉类、饼粕类物质，检查方法如下：

1. 掺石粉的检查

可用盐酸法，取样品 10 克，放在烧杯中，加入 2 毫升盐酸，立即产生大量气泡，即掺有石粉。

2. 掺玉米芯的检查

可利用显微镜检查，如果在镜下可见浅色海绵状物，证明掺有玉米芯粉。

3. 掺生羽毛、禽内脏及头和脚的检查

可利用显微镜来检查，掺生羽毛可见羽毛、羽干和羽片断、羽干片断有锯齿边，中心有沟槽。掺禽内脏、头和脚在镜下可见禽内脏粉、头骨和皮等，正常水解羽毛粉为羽干长短不一，厚而硬，表面光滑，透明，呈黄色至褐色。

4. 掺淀粉类、饼粕类原料的检验

掺淀粉类原料可采用碘蓝反应来鉴别，方法同鱼粉掺淀粉类原料的检验，掺饼粕类可利用显微镜镜检进行检查，方法同鱼粉。

（四）血粉掺假鉴别技术

血粉也同鱼粉、水解羽毛粉价一样高，蛋白质含量高，并具未知生长因子，常有掺假情况发生。一般掺有植物性原料，屠宰下脚料、胃内容物等，检查方法如下。

1. 掺植物性原料的检查

可利用碘蓝反应及镜检，同鱼粉掺假检查。

2. 屠宰下脚料、胃内容物等检查

利用显微镜镜检进行检查，如果在镜下可见毛、骨、肉等杂物，证明掺有上述物质，正常血粉像干硬的沥青块样，黑中透暗红或紫红色的小珠状，很易与之区别。

二、植物性蛋白饲料原料掺假的鉴别检验

（一）豆粕掺假鉴别技术

豆粕是配合饲料最常用的植物性蛋白源，一般用量都较大，所以它对饲料成品的影响也较大。豆粕主要掺假有：玉米粉、麸皮、稻壳、玉米胚芽粕、碎豆饼，也常掺有泥沙、碎玉米或 5% ~ 10% 的石粉，降低了豆饼蛋白质含量。

1. 水浸法

取需检验的豆粕 25 克，放入盛有 250 毫升水的玻璃杯中浸泡 2 ~ 3 小时，然后用木棒轻轻搅动可看出豆粕与泥沙分层，上层为饼粕，下层为泥沙。

2. 碘酒鉴别法

取少许豆粕放在干净的瓷盘中，铺薄铺平，在其上面滴几滴碘酒，过1分钟，其中若有物质变成蓝黑色，说明掺有玉米、麸皮、稻壳等。

3. 容重法

正常纯大豆粕的容积重为594～610克/升（片状490～640克/升、粉状300～370克/升）。将所测样品容重与之相比，若超出较多，说明该豆粕掺假。

4. 经验法

绝大多数掺杂物都有颗粒细、比重大、价格廉的共同特点，豆粕中如有掺假物，包装体积通常会变小，而重量则增加，可通过包装体积的大小来判别原料是否正常；粉碎时，假豆粕粉尘较大，装入玻璃杯中粉尘会黏附于瓶壁，而纯豆粕无此现象。安全水分内的豆粕用手抓时散落性好，水分过高的豆粕用手抓则感发滞。

5. 掺玉米胚芽粕的检查

豆粕中掺玉米胚芽粕可借助于显微镜进行检查。豆粕镜下观察可见豆粕皮，且豆粕皮外表面光滑，有光泽，并可见明显凹痕和针状小孔，内表面为白色或黄褐色。而玉米胚芽粕具油腻感，显微镜下观察呈黄棕色，同时可见玉米皮特征，玉米皮薄且半透明。

6. 感官判别

形状：优质纯豆粕呈不规则碎片或粉状，偶有少量结块。而掺入了沸石粉、玉米等杂质后，颜色浅淡，色泽不一，结块多，可见白色粉末状物。另外，若豆壳太多，则品质较差。

色泽：优质豆粕为淡黄褐色或淡褐色，色泽一致。如有掺杂物，则有明显色差。如果色泽发白多为尿毒酶过高，如果色泽发红则尿毒酶偏低。淡黄色豆粕是因为加热不足，暗褐色或深黄色豆粕是因为过度加热所至，品质均较差。

味道：优质豆粕具有烤豆香味，不应有腐败、霉坏或焦化味、生豆腐味及豆腥味（新生产的豆粕有豆腥味）。而掺入了杂物的豆粕闻之稍有豆香味，掺杂量大的则无豆香味。加热严重过度时有焦糊味；加热不足的含在口中则有生大豆的腥味。

（二）玉米蛋白粉掺假鉴别技术

玉米蛋白粉作为一种蛋白质原料，被广泛地使用在饲料中，特别是在肉鸡料中，还可以补充黄色素，是一种较好的蛋白质饲料。然而也有不少商人受利益驱使，在玉米蛋白粉中掺假，所以在购进玉米蛋白粉的时候需要仔细辨别。

现将简易鉴别方法介绍如下。以下几种方法可对玉米蛋白粉进行掺假鉴别。

1. 看外观闻气味

正常的玉米蛋白粉呈黄色，颜色均匀自然；掺假的，颜色常常偏呆板；正常的玉米蛋白粉有特殊的发酵气味，而掺假的往往气味不正常。

2. 镜检

正常的玉米蛋白粉在显微镜底下为均匀的黄白色细颗粒；而掺假的有的有发亮的晶体状物，有的有较多淡黄色粉状颗粒，有的还掺有细小的深红色细颗粒（可能是染色剂）。

3. 检测常规指标

对玉米蛋白粉所做的常见指标检测包括水分、粗蛋白质、脂肪和粗灰分。其中粗灰分亦为一重要衡量指标。好的玉米蛋白粉粗灰分一般小于2%，超过3%时就要引起注意了。有的掺假的样品粗灰分甚至达到 10% 以上。

4. 检查是否掺石粉

用 1∶1 的稀盐酸滴加，看是否冒气泡。如冒气泡，则掺有石粉。

第三节 增强肉鸡免疫力的饲料营养技术

由于我国肉鸡饲养采用千家万户"小规模,大群体"的发展模式,存在鸡舍选址不合理,设施简单,建筑工艺落后,环境条件控制、废弃物处理差等不利因素,导致肉鸡多处于亚临床健康状况下,肉鸡免疫力低,容易因饲料污染或霉变、环境突然变化或外界病原微生物感染呈现免疫应激反应,导致死亡率升高。因而,在目前状况下,通过饲料营养或添加剂途径提高肉鸡的免疫能力,提高其抵抗免疫应激能力是当前乃至未来我国肉鸡饲料配制技术中的需要重点考虑的问题。

一、应用营养素提高免疫力的技术

应激状况下,肉鸡为了抵抗应激,合成应激蛋白增强。但由于肉鸡采食量下降,供给肉鸡蛋白质合成的氨基酸受限,蛋白质分解代谢明显高于合成代谢,营养状况恶化,呈负氮平衡。同时,免疫应激抑制脂肪合成、促进脂肪和碳水化合物分解供能;微量元素中更多的铜用于合成血浆铜蓝蛋白,提高血清铜含量,而血浆铁、锌含量下降。因而,由于组织大量消耗能量,改变了营养素的分配和代谢,使得机体对维生素和氨基酸等营养素的需求量急剧增加。如果各种营养素得不到满足,机体很快进入衰竭状态。

(一)脂肪酸与免疫

脂肪酸特别是长链多不饱和脂肪酸是一种调节众多细胞功能、炎症反应及免疫力不可或缺的调控因子。添加高油脂能减弱自然杀伤性细胞(NK细胞)活性和先天性免疫应答反应,具体效果取决于油脂的水平和来源。富含亚油酸(玉米油、葵花油或红花油)或 α - 亚麻酸(亚麻籽油)能降低 NK 细胞的活性。鱼油由于富含 n-3 多不饱和脂肪酸,具有抗炎和增强免疫力的作用,添加 1% ~ 2% 鱼油改善肉鸡生产性能,但添加 6% 因饲料鱼腥味抑制采食,对生产性能不利。

(二)氨基酸与免疫

氨基酸是构成机体免疫系统的基本物质,与免疫系统的组织发生、器官发育密切相关。氨基酸缺乏导致肉鸡对疾病的易感性和疾病的发生率增加,死亡率升高。

饲料中添加 NRC(1994)推荐量的 107% 的精氨酸能改善雏鸡的免疫力;添加 1% 谷氨酰胺能显著提高肉鸡血清 IgA、IgM 水平,促进肠道发育,提高肉鸡生产性能,降低死亡率。添加 0.5% 的牛磺酸有助于改善家禽新城疫抗体滴度,并提高其饲料转化率。

(三)维生素与免疫

维生素 A 缺乏可改变对 T 细胞的抗原 - 抗体反应,导致许多免疫反应降低,分泌性免疫球蛋白 A(SIgA)水平下降,黏膜局部特异性免疫功能降低,血清 IgG、IgA、IgM 下降,对病原微生物易感性增高。

肉鸡最佳免疫时维生素 A 水平为 15000 单位 / 千克；此外，提高日粮维生素 C、维生素 E 水平均能改善肉鸡的免疫效果。

（四）微量元素与免疫

锌对免疫系统的正常发育、维持和免疫功能的发挥具有重要作用，日粮锌含量至少 80 毫克 / 千克才能减轻肉鸡对应激反应，改善体液免疫和细胞免疫效果。

通过在饲料中添加有机微量元素，如氨基酸锌，蛋氨酸锌等提高锌、锰和铜的含量。此外，采取添加酵母硒或其他有机硒提高日粮硒水平，有助于改善肉鸡的免疫功能。具体添加量可以参考各商品推荐量。

二、应用免疫增强剂提高免疫力的技术

虽然有些物质不能给肉鸡直接提供营养，但功能性寡糖能通过改善肠道内微生物区系，促进有益菌如双歧杆菌、乳酸杆菌增殖，或通过激活免疫物质（多糖）提高肉鸡的免疫能力。

（一）寡糖与免疫

功能性寡糖如甘露寡糖、果寡糖、麦芽低聚糖能促进肉鸡免疫器官发育，改善非特异性和特异性免疫、以及肠黏膜免疫功能改善肉鸡的免疫状况。尽管很多饲料原料中富含功能性寡糖，但寡糖用量不足则起不到明显作用，但用量过度，则不但增加成本，还可能引起后段肠道菌群过度发酵，引起轻度腹泻等负面影响。

（二）多糖与免疫

多糖主要指通过 β（1-3），（1-6）糖苷键连接的具有生理活性聚合糖高分子碳水化合物，其主要来源于食用菌（如灵芝、蘑菇），植物（如黄芪、海藻、魔芋等），以及微生物中酵母细胞壁（β 葡聚糖和甘露聚糖）。可用于抗细菌、病毒、寄生虫感染，通过影响免疫器官发育，激活巨噬细胞、NK 细胞、T 细胞、B 细胞等免疫细胞，诱生多种细胞因子，促进抗体产生。

（三）益生菌与免疫

益生菌如乳酸杆菌、粪肠球菌、枯草芽胞杆菌、地衣芽胞杆菌等有益微生物能激活 T 细胞活性，增加肉鸡机体特异性和非特异性的细胞免疫和体液免疫功能，减少腹泻，抑制坏死性肠炎产生，提高抗病能力。

第四节 环保型日粮配制技术

随着我国肉鸡养殖业的迅猛发展，肉鸡饲料中过多的氮（N）、磷（P），以及没有被有效吸收的金属铜、锰和锌随粪便排入环境中，引发江河、湖泊和水库富营养化，有毒藻类大量繁殖，土壤重金属富集，对生态环境带来极大威胁。同时，养殖过程中产生的氨气以及苍蝇对畜禽和人们健康的影响也越来越受到关注，需要从营养和饲料手段加强对废弃物、苍蝇的控制。

一、降低废气物排放的日粮配制技术

（一）降低氮排放的日粮配制技术

按可消化氨基酸配制日粮技术：该技术主要针对各种类型肉鸡，按可消化氨基酸配制日粮，可以更好地满足肉鸡营养需要，避免氨基酸浪费导致氮素过多排泄到环境中。该技术主要掌握：①肉鸡的可消化氨基酸（DAA）需要量（表3-3）；②肉鸡对各种原料氨基酸消化率（表3-4）；③利用配方软件进行计算；利用各种配方软件，根据各种原料的实际氨基酸含量将氨基酸含量进行校正，如玉米粗蛋白质含量7.8%，8.7%，9.4%等，根据原料氨基酸实测值进行各种氨基酸含量调整，如果不能对氨基酸含量进行实际含量测定，则可以利用某些配方软件自动根据粗蛋白质将氨基酸进行调整，对氨基酸含量进行调整，再将氨基酸消化率代入软件中，或利用氨基酸含量 × 氨基酸消化率计算原料可消化氨基酸含量，利用原料可消化氨基酸含量进行计算。计算时，注意赖氨酸盐酸盐粗蛋白质为93.4%，L-苏氨酸粗蛋白质为72.4%，L-色氨酸粗蛋白质为84%，DL-蛋氨酸粗蛋白质为58.1%。

表3-3 肉鸡可消化氨基酸需要量 （%）

	科宝肉鸡				AA＋，罗斯308		
	0～10天	11～22天	23～42天	42天后	0～10	11～24	25～出栏
粗蛋白质	21.00	19.00	18.00	17.00	22.00	21.00	19.00
可消化赖氨酸	1.08	0.99	0.95	0.90	1.27	1.10	0.97
可消化蛋氨酸	0.41	0.40	0.39	0.37	0.47	0.42	0.38
可消化蛋＋胱氨酸	0.80	0.75	0.74	0.70	0.94	0.84	0.76
可消化苏氨酸					0.83	0.73	0.65
可消化缬氨酸					0.95	0.84	0.75
可消化亮-异亮氨酸					0.85	0.75	0.67
可消化精氨酸					1.31	1.14	1.02
可消化色氨酸					0.20	0.18	0.16

表 3-4 家禽氨基酸真消化率　　　　　　　(%)

原料	精氨酸	异亮氨酸	亮氨酸	赖氨酸	蛋氨酸+胱氨酸	苏氨酸	色氨酸*	缬氨酸
玉米	95	92	92	85	93	88	90	92
高粱	95	93	95	87	88	89	95	90
小麦	87	90	91	84	91	83	84	88
大麦	83	80	83	78	82	76	75	80
小麦麸	84	76	79	74	75	75	77	75
玉米蛋白粉	97	96	98	90	96	93	72	96
米糠	86	75	75	74	72	69	72	76
棉籽粕	84	71	74	63	71	69	71	75
花生粕	89	87	90	78	83	84	85	88
亚麻饼	93	84	84	81	75	72	–	82
亚麻粕	93	84	84	81	75	72	–	82
菜籽粕	89	87	90	78	84	84	57	88
豆粕	92	92	92	91	88	89	92	91
葵花粕	93	91	90	83	89	87	–	90

引自谯仕彦，王旭，王德辉主译《饲料成分与营养价值表》

* 表观氨基酸消化率，引自 NY/T 33—2004 鸡饲养标准

（二）降低畜舍氨气排放的日粮配制技术

1.EM 菌法

用 EM 益生菌与红糖1:1混合，发酵5～7天，稀释50～100倍鸡舍喷洒，后期按1:(200～500)稀释比例喷洒，有助于降低鸡舍氨气。

2. 使用丝兰提取物

日粮中添加 125 毫克／千克的丝兰属提取物后，使鸡舍的氨气质量浓度下降了35%～40%。李万军（2012）在肉鸡配合饲料中添加60毫克／千克，120毫克／千克丝兰提取物可以降低氨气61.09%和64.68%，降低了料重比，提高了饲料利用率，加快了肉鸡的生长速度。肉鸡的病死率及腹水征的发病率明显下降。程志斌等（2012）认为，丝兰提取物 120 毫克／千克与枯草芽胞杆菌（5000 亿 CFU/ 千克全价日粮）合用可以将鸡舍氨气由15.74 毫克／立方米降低到 8.14 毫克／立方米，比单纯添加丝兰提取物产生氨气 9.62 毫克／立方米降得更低，改善肉鸡生长性能作用效果优于单一添加，适合作为环保型肉鸡饲料的优质饲料添加剂。

（三）降低磷排放的日粮配制技术

肉鸡日粮中添加植酸酶可以替代 0.08%～0.10% 的有效磷，即每吨饲料中添加植酸酶可以减少 6 千克左右磷酸氢钙的添加量，降低粪便中 25%～30% 磷的排放。如果肉鸡饲料

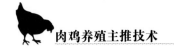

需要制粒，要注意采用耐高温型植酸酶，或者制粒后喷涂液态植酸酶。

（四）降低微量元素排放的日粮配制技术

本技术主要针对肉鸡生长快，需要高剂量的微量元素铜、锌、锰保证其生长需要，由于常规无机硫酸盐形式的铜、锌、锰吸收率低，导致添加大量的铜、锌、锰不能得到有效吸收而排出体外，造成肉鸡粪便中锌、锰过高，超过有机肥对微量元素锌、锰的限量要求，并形成环境污染。本技术主要采用有机微量元素替代无机微量元素的技术，有机微量元素添加量通常需要达到无机添加量的 40% ～ 50% 才能满足肉鸡生长需要，同时粪便中锌、锰的含量能降低 30% 以上。

二、减少苍蝇污染的日粮配制技术

（一）益生素法

EM 菌发酵饲料控制苍蝇技术：EM 是由光合菌、酵母菌、乳酸菌、放线菌、醋酸杆菌5 大类 10 属 80 多种微生物复合培养而成的有益微生物。EM 发酵饲料制作方法：每 100 千克固体饲料使用 EM 原液 0.1 ～ 0.3 升，加等量糖蜜或红糖，用 20 ～ 30 千克水稀释后均匀拌入固体饲料中，注意：水分含量掌握在一捏成团、一触即散。装入塑料袋或容器中密封发酵（温度 20℃ 以上），待出现酒曲醇香气味，即发酵成功。按 10% ～ 20% 比例拌入普通饲料中饲喂（添加比例先少后多），可以控制苍蝇。

EM 饮水控制苍蝇技术：以 1000 ～ 2000 倍（体重 1.5 千克以下）或 2000 ～ 4000 倍（体重 1.5 千克以上）的比例，将 EM 原液添加在饮水中，让鸡自由饮用。或将稀释液对鸡笼，地面进行带鸡喷雾，每 3 天喷 1 次可以有效控制苍蝇。

（二）药物法

通过在饲料中添加环丙氨嗪的方法控制苍蝇。环丙氨嗪又名灭蛆灵，是一种新型的昆虫生长调节剂，对双翅目昆虫幼虫体有杀灭作用，尤其对在粪便中繁殖的几种常见的苍蝇幼虫（蛆）有很好的抑制和杀灭作用。

作用机理

通过强烈的内传导使幼虫在形态上发生畸变，成虫羽化不全，或受抑制，从而阻止幼虫到蛹正常发育，达到杀虫目的。它和一般灭蝇药的不同点是它杀幼虫—蛆，而一般灭蝇药只杀成蝇且毒性较大。

产品特性

①无抗药性：可控制多抗性蝇株，且不受交叉抗药性影响。

②安全性：可安全使用于肉鸡、种鸡、蛋鸡、猪、牛、羊，对人、畜禽无不良影响，不伤害蝇蛆天敌，已被世界卫生组织（WHO）列为最低毒性物质。

③可明显降低鸡舍内氨气含量，大大改善了畜禽饲养环境。

控制范围

可控制所有威胁集约化动物养殖场的蝇类，包括：家蝇、黄腹厕蝇、光亮扁角水虻和厩螫蝇，并可控制跳蚤及防止羊身上的绿蝇属幼虫等。

使用方法

①混饲：每吨鸡或家禽全价饲料加入本品 5 克，混合均匀，在苍蝇产生季节开始饲喂，饲喂 4 ～ 6 周后，停药 4 ～ 6 周，然后再饲喂 4 ～ 6 周，循环饲喂至苍蝇季节结束。

②混饮：1 吨水中加入本品 2.5 克，连续饮用 4 ～ 6 周。

③气雾喷洒：5 千克水中加入本品 2.5 克，集中喷洒在蚊蝇繁殖处及蛆蛹孳生处，药效可持续 30 天以上。

使用时的注意事项

①环丙氨嗪是现阶段控制苍蝇繁殖比较好的方法，在当今的养殖实践中广泛使用，获得了较好的效果，减少了传染病的发生，改善了舍内的环境。但是，在饲料中环丙氨嗪不能长期添加，如果苍蝇的数量得到控制或者在其他季节要尽量减少使用的时间。

②环丙氨嗪属于药物饲料添加剂中的功能性饲料添加剂，不允许在商品饲料中添加，各畜禽养殖场及养殖户须凭兽医处方购买、使用。

③在购买环丙氨嗪产品的时候要注意产品包装上所标示的产品类型，产品的批准文号应该是兽药字 ××× 号，以确保产品的质量的可靠性与产品的合法性。

肉鸡养殖主推技术

第五节 提高肉鸡饲料转化效率的饲料配制技术

肉鸡的饲料转化率与饲料营养水平、饲料中抗营养因子含量，饲料加工和肠道功能有关。提高饲料代谢能、降低抗营养因子水平有助于提高饲料的转化效率；控制饲料的粉碎粒度和形态，减少肉鸡采食时间，改善肉鸡消化道功能，减少肉鸡肠炎、腹泻的发生均有助于提高饲料转化率。

一、提高饲料能量

（一）油脂使用

肉鸡前期（3 周龄前）使用豆油，后期可以考虑采用价格相对较低的棕榈油、米糠油，以及动物油。由于米糠油容易酸败变质，夏天要严格控制米糠油的使用，易引起类似肠炎的腹泻。

（二）添加酶制剂

饲料中添加非淀粉多糖酶或复合酶已经成为提高肉鸡饲料能量，降低油脂添加量的主要技术途径。一般肉鸡前期添加酶制剂效果比较好，麦类日粮中添加酶制剂效果也比较突出。

二、饲料制粒技术

（一）饲料的粉碎技术

由于锤片式粉碎机粉碎效率高，容易根据筛片孔径进行不同粒度粉碎，目前，锤片式粉碎机广泛用于畜禽饲料，爪式粉碎机粉碎粒度过细，不适于肉鸡饲料生产。粗大型粉料（871～905 微米，筛孔直径 10 毫米）比精细型粉料（536～574 微米，筛孔直径 8 毫米）更能增加雏鸡体增重和提高饲料利用率，提高鸡胗的重量，还有助于防止坏死性肠炎，所以，全价粉状饲料粉碎细度适当粗一些更有利。

（二）冷制粒技术

由于制粒可以增加肉鸡采食量，促进肉鸡生长发育和改善饲料转化率。因而，肉鸡饲料通常需要制粒。对于小型自配料肉鸡养殖户，不具备蒸汽制粒条件，可以购买平模或环模小型制粒机进行制粒。购买小型立式粉碎、搅拌设备(图 3-11)或将饲料按配方比例混合，通过提升机将配制好饲料提升至环模（图 3-12）或平模制粒机（图 3-13）进行制粒。

66

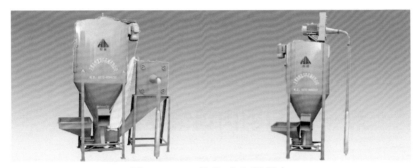

图 3-11 立式粉碎和搅拌机

图 3-12 环膜制粒机

图 3-13 小型平模制粒机

三、肉鸡营养性疾病控制技术

（一）坏死性肠炎控制技术

肉鸡坏死性肠炎是影响肉鸡生产的重大的传染性疾病，是由存在于土壤、灰尘、粪便、饲料、家禽垫料和肠道内容物中产气荚膜梭菌所致，肉鸡饲料中添加大量麦类原料、鱼粉能增加其发生，减少肉鸡饲料中麦类谷物、鱼粉用量有助于降低其发生。通过饲料中添加10% 的阿维拉霉素预混剂 100 毫克／千克，或用 15% 的杆菌肽锌预混剂 200 毫克／千克能预防坏死性肠炎发生。对于生产无抗生素鸡肉厂家，可以采用抗生素替代品，例如，植物提取物、香精油和有机酸等，均有抑制产气荚膜梭菌的效果。

对于发生坏死性肠炎肉鸡，2 周龄以内的雏鸡，100 升饮水中加入羟氨苄青霉素 15 克，每日 2 次，每次 2 ～ 3 小时，连用 3 ～ 5 天进行治疗。

（二）肉鸡水便的控制技术

肉鸡水便即粪便中含有大量的水，导致粪便变稀。与疾病，饲料质量、垫料和环境温度，包括通风有关。疾病主要检测是否有坏死性肠炎、球虫病的发生。饲料的影响也是主要因素之一，肉鸡水便与饲料非淀粉多糖含量高，在大肠发酵导致腹泻有关。饲料中添加非淀粉多糖酶可以有效改善水便综合征。

第四章 饲养管理技术

第一节 白羽肉鸡饲养管理技术

一、鸡舍及设备的消毒技术

（一）概述

鸡舍实施消毒程序是搬运、清扫、冲洗、喷洒、熏蒸。

搬运：进鸡前2周，将饲养设备搬到舍外，饲养设备包括料桶、饮水器、灯泡、温湿度计、工作服及其他用具等。

清扫：彻底清除鸡舍粪便和垫料，并移除距鸡舍1.5千米以外的地方。清扫房顶、墙壁和门窗等，要求做到舍内无鸡粪、羽毛、灰尘。

冲洗：用高压自来水喷雾器冲洗地面和墙壁等处及所有饲养设备。要求地面无积水，设备无污物。

喷洒：设备及地面干燥后，把设备和用具搬进鸡舍，关闭门窗和通风孔，实行喷洒消毒。鸡舍所有表面顶棚、墙壁、地面及网床选用3%热火碱水或其他高效、无腐蚀性的消毒药进行喷洒。

熏蒸：熏蒸前将通风口堵严，保持鸡舍密闭。在鸡舍中间过道每隔10米放一个熏蒸盆，按鸡舍每立方米用高锰酸钾21克，福尔马林42毫升的用量，先将高锰酸钾放在熏蒸盆内，再加入等量清水，用木棒搅拌至湿润，然后，从距舍门最远端的一个熏蒸盆开始依次倒入福尔马林，操作时，速度要快，以防呛人。出门后立即把门封严，熏蒸24小时后，打开门、窗、通风口或开动风机，将烟味排净。

熏蒸时需注意如下几个问题。

一是不可使用塑料盆容器，原因是熏蒸时两种药品反应可产生大量热量，尤其是在高温季节，使用塑料盆非常不安全，易引起火灾。

二是盛装药品的容器应尽量大一些，不宜小于福尔马林溶液体积的4倍，以免福尔马林汽化时溢出容器外面。原因是熏蒸时，两种药品混合后反应剧烈，一般可持续10～30分钟。

三是熏蒸时鸡舍内的温、湿度宜高些，当鸡舍内的温度达26℃以上，相对湿度达75%以上时，消毒效果较好，若鸡舍内温、湿度过低，则影响药效。

四是消毒完毕后，要打开鸡舍门窗，通风换气2天以上，使其中的甲醛气体逸散。如急需使用，可按每立方米鸡舍5克碳酸氢铵、10克生石灰和10毫升75℃的热水混合放入容器内，用其产生的氨气与甲醛气中和。

五是熏蒸时，使用的福尔马林毫升数与高锰酸钾克数之比为2:1，当反应结束时，如残渣是一些微湿的褐色粉末，则表明两种药品的比例较适宜；若残渣呈紫色，则表明高锰酸钾过量；若残渣太湿，则说明高锰酸钾不足。

六是要确保人身安全。用于熏蒸的容器应尽量离门近一些，以便人操作后能迅速撤离，操作时必须慎重，切忌往福尔马林中加入高锰酸钾，以免福尔马林溅出，造成危险。

（二）特点

该种消毒技术采用了物理消毒技术机械清除和化学消毒技术甲醛熏蒸相结合的方法。既有物理消毒的技术特点，又有化学消毒的技术特点。采用机械清除的方法特点是作用迅速，随着畜禽舍的清扫、冲洗清除了大量的畜禽粪便污物，也清除了大量的病原微生物，但此法只能使大量的病原微生物减少，不能彻底的清除和消毒。甲醛熏蒸的方法特点是操作方便，不需要复杂的设备，作用迅速，而且经济实用、杀菌力强、杀菌谱广、消毒效果好，但药品有一定的毒性和腐蚀性，为保证消毒效果和操作过程中的安全性，需按操作规程进行。

（三）成效

该种消毒技术首先将需要消毒的环境或物品清理干净，去掉灰尘和覆盖物，有利于消毒剂发挥作用，为甲醛熏蒸消毒创造了有利条件。甲醛是老牌的广谱强力消毒剂，它能与蛋白质中的氨基结合而使蛋白质变性，故有强大的消毒杀菌作用。它能杀灭细菌、芽孢、支原体和病毒。近年来，大多肉鸡养殖场（户）均在应用该方法进行鸡舍消毒，效果显著。甲醛熏蒸消毒已成为养鸡生产中的重要环节，通过对鸡舍的消毒，可以有效杀灭鸡舍内病原微生物，预防和控制传染病的发生、传播和蔓延，为鸡群健康生长提供了有力保障。

（四）案例

辽宁省铁岭县宏远牧业，位于铁岭县镇西堡镇，该场占地27000平方米，拥有8栋砖混结构鸡舍，建筑面积15000平方米，24台孵化器，每栋鸡舍都配有自动控温系统、专用乳头式自动饮水器、自动上料、自动通风系统、自动清粪设备等，是铁岭地区较为先进的现代化肉种鸡场。现饲养品种爱拔益加（AA+），存栏肉种鸡5000套，年平均出雏35万只。该场采用严格的卫生消毒制度，其具体操作如下：

第一步是"清扫"。把鸡舍内的杂物、鸡粪、蜘蛛网、羽毛等彻底地清除掉并清理干净；第二步是"冲洗"。用清水泵或高压泵抽清水，把鸡舍上下，左右（墙面、砖柱、窗户、地板）彻底冲洗干净；第三步是"喷洒"。用清水泵抽消毒水对鸡舍上下、左右彻底的喷洒，直到滴水珠为止，一般每100平方米鸡舍至少要喷150千克消毒水；第四步是"空舍后熏蒸"。鸡舍喷洒消毒药后空置3～5天，让鸡舍自然晾干后，将鸡舍密闭，并调整舍内温度和湿度，备好熏蒸药品及用具，按照操作规程进行熏蒸，然后将门窗关严，密闭24小时之后打开进行通风换气，人员进入时必须穿消毒过的鞋和工作服。待1～2天预温后进雏。

由于该场一直严格坚持对鸡舍及设备的消毒技术，按照检查、维修、搬运、清扫、冲洗、喷洒、熏蒸程序执行，肉鸡饲养效果良好，从未发生过重大疫情（图4-1～图4-2）。

图 4-1 鸡舍消毒　　　　　　　图 4-2 地面冲洗

二、雏鸡选择及运输技术

（一）概述

1. 雏鸡的选择

选择优良品种：雏鸡应选择生长快、成活率高、饲养时间短、饲料转化率高、品质好、屠宰后胴体美观的优良品种。目前，从国外引进的优良白羽肉鸡品种有 10 余种，如爱拔益加、艾维茵、罗斯 308 等。

选择正规场家：雏鸡应来自具有种畜禽生产经营许可证、质量信得过的场家，而且无鸡白痢、新城疫、禽流感、支原体、禽结核、白血病，或者由该类场提供种蛋生产的经过产地检疫的健康雏鸡。

选择健康鸡雏：雏鸡的选择主要通过观察外表形态进行，健康的雏鸡应大小均匀一致、反应灵敏、性情活泼、无畸形、无脐部闭合不良和脐部感染的症状。可采用"一看、二听、三摸"的方法进行。一看雏鸡的精神状态，羽毛整洁程度、喙、腿、趾是否端正，眼睛是否明亮，肛门有无白粪、脐孔愈合是否良好。二听雏鸡的叫声，健康的雏鸡叫声响亮而清脆；弱雏叫声嘶哑微弱或鸣叫不止。三将雏鸡抓握在手中，触摸膘情，骨架发育状态，腹部大小及松软程度。健康雏鸡较重，手感有膘、饱满、有弹性、挣扎有力。

2. 雏鸡的运输

确定适宜的运雏时间：雏鸡最佳的运输时间应在雏鸡绒毛干燥后，至出壳 24 小时，最长不要超过 48 小时。另外，还应根据季节确定启运时间。一般来说，冬天和早春运雏应选择在中午前后气温相对较高的时间启运；夏季运雏则宜选择在日出前或日落后的早、晚进行。

确定适宜的运输途径：一是铁路运输。运输时尽可能将鸡苗盒放在靠近车门的地方，以利于通风和上下卸货，并不断调整雏鸡盒的位置，翻动鸡苗，防止扎堆"出汗"。二是机动车运输。运输时行车要平稳，速度要适中，防止颠簸震动，转弯、刹车不能过急，防上摇晃、倾斜，以免雏鸡拥挤扎堆死亡。

选择适宜的运雏用具：装雏工具最好采用专用雏鸡箱，箱子四周要有若干直径为 1.5

厘米左右的通气孔，箱底铺上 1～2 厘米厚的软垫料。每个运雏箱不能装雏过多，每箱放 100 只左右，防止挤压造成死亡。没有专用雏鸡箱的，也可采用厚纸箱、木箱或筐子代用，但都要留有一定数量的通气孔，冬季和早春运雏要带防寒用品，夏季运雏要带遮阳防雨用具。所有运雏用具或物品在装雏前均要进行严格消毒。

注意问题：一是注意保温与通气。雏鸡在运输过程中，要注意保温和通风，只注意保温，不注意通风换气，会使雏鸡受闷、缺氧，严重的会导致窒息死亡；只注意通风，忽视保温，雏鸡会受凉感冒，易诱发白痢，成活率下降。因此，装车时要注意将雏鸡箱错开，箱周围要留有通风空隙，重叠高度不能过高。顶部要留出 20 厘米的空间，以保证通风，换气。二是注意防止雏鸡出现严重的脱水。在运雏前准备好充足的凉白开水，如果运输超过 20 个小时，为防止雏鸡脱水可在车上给雏鸡进行滴口，每只雏鸡 2～3 滴，可以有效保证雏鸡的质量。

（二）特点

1. 雏鸡选择技术的特点

这种方法简单，容易操作，不用任何仪器设备，但要求选雏人员一定要有责任心，尤其是在选择场家时，一定要查看是否具有种畜禽生产经营许可证，许可证是否过期，是否有引种证明和销售记录，引种的数量与生产销售雏鸡的数量是否匹配等。

2. 雏鸡运输技术的特点

这是一种方便又灵活的运输措施。多年来一直被养殖场（户）所应用，它可以在最大限度上减少运输过程中造成的货损，降低雏鸡的死亡率，为雏鸡创造一个适宜的小气候。而且，运输费用低，运输方便。

（三）成效

1. 雏鸡选择的成效

通过对雏鸡的选择，可以实现肉鸡品种的优良化，从种质上保证了肉鸡的优良生长性状；选择正规场家，保障了雏鸡的纯正，而且无传染病，这些种鸡场种鸡来源清楚，饲养管理严格，出售的雏鸡质量好。再加上严格的挑选，保障了雏鸡的健康，为雏鸡以后的生长发育奠定了基础。

2. 雏鸡运输的成效

确定适宜的运雏时间保障了雏鸡在运输过程中体力供给和营养摄入，防止产生脱水；确定适宜的运输途径，可以以最快的速度安全的将雏鸡运至目的地；选择适宜的运雏用具，注意保温与通风，为雏鸡创造了一个相对舒适的环境，适宜的温度、湿度，新鲜的空气，不让雏鸡过分拥挤和扎堆，最大限度地减少运输带来的应激，降低了雏鸡的死亡率。

（四）案例

辽宁奕农畜牧集团坐落于辽宁省辽阳灯塔市大河南镇高新技术开发区，是全省最大的肉种鸡、肉种鸭生产企业之一，是集畜牧养殖、饲料生产、屠宰加工、肉品销售一体化的一条龙企业。公司实现了规模化生产、产业化运作、企业化管理、市场化经营。并跻身国家级"农业产业化重点龙头企业"、"辽宁省扶贫重点龙头企业"行列，成为辽阳市院士专家工作基层站。技术依托于辽宁省畜牧科学研究院和辽宁省农业科学院，是沈阳农业大学、辽宁职业技术学院、锦州畜牧兽医学院的实训就业基地。生产先后通过了 ISO9001：2008 国际质量管理体系认证和 HACCP 国际食品安全管理体系认证；肉类产品通过 QS 认证。

该集团拥有5个标准化的父母代肉种鸡养殖基地，肉种鸡存栏30万套。养殖基地分布在灯塔市的上老峪村（种鸡一场）、大河南村（种鸡二场）、吕方寺村（种鸡三场）、铧子镇杨寨子村（种鸡四场、五场），年孵化能力可达4000万只。养殖基地均具有种畜禽生产经营许可证，多年来，一直饲养优良的白羽肉鸡品种，出售的商品代雏鸡都是经过本场专业人员严格按照程序挑选的优质健康雏鸡，雏鸡的运输也是由本集团采用专业的装雏箱和专用运雏车辆进行，降低了货损，确保了雏鸡的质量，深受养殖户的欢迎，在本地享有很高的信誉。

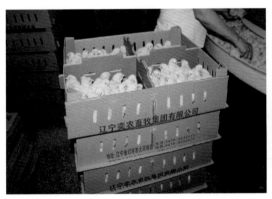

图 4-3 选择雏鸡

图 4-4 运输雏鸡

三、雏鸡饮水及饲喂技术

（一）概述

1. 雏鸡饮水技术

饮水原则：时间适宜、水位充足、适时调教、水质符合 NY5027 要求，自由饮水。

饮水时间：一般雏鸡运到育雏舍稍微休息即可饮水，因为出雏时间需24小时，加上长途的运输，雏鸡消耗很大，应尽早饮水。

饮水器具：育雏舍饮水器要充足，摆放均匀，每只鸡至少占有2.5厘米水位，饮水器高度要适当，水盘与鸡背等高为宜，要随鸡生长的体高而调整水盘的高度。可用木块、砖头垫起，亦可将其吊高。防止鸡脚进水盘弄脏水或弄湿垫料及绒毛，甚至淹死。饮水器具要确保不漏水，同时要求每天清洗、消毒，消毒剂选择符合《中华人民共和国兽药典》规定的百毒杀、漂白粉和卤素类消毒剂。

适时调教：对于刚到育雏舍不会饮水的雏鸡，应进行人工调教。即手握住鸡头部，将鸡嘴插入水盘强迫饮1~2次，这样雏鸡以后便自己知道饮水了。若使用乳头饮水器时，最初可增加一些吊杯，诱鸡饮水。

水质要求：水质符合 NY 5027 要求，育雏第 1 周要饮温开水，水温与室温接近，保持 20℃左右。第一天的饮水应加入 5% 葡萄糖或蔗糖，如果雏鸡脱水严重，可连饮 3 天糖水。另外，为了减少应激，在第 1 周的饮水中加入多维电解质，1 周后饮清洁的凉水即可。

饮水方式：采用自由饮水方式。肉鸡的饮水量一定要充足，保持经常有水，随时自由饮用，绝不能间断饮水，以防造成雏鸡抢水而使一些雏鸡落入水中淹死。尤其在高温季节，更应该保持充足的饮水。饮水量随饲料量和舍温而变化，通常是饲料采食量的 2～3 倍，而舍温越高饮水量越多。

2. 雏鸡饲喂技术

饲喂方法：雏鸡第一次吃料叫开食。可将饲料均匀地撒在饲料盘中或塑料布、牛皮纸上，让雏鸡自由采食。对尚不知道采食的雏鸡，应多次将其围拢到有饲料的地方，让其学着吃料。开始第一天雏鸡采食量一般不太多，第二天吃料量就会成倍增加，发现食盘空了就要加料，一般每 2 小时给料 1 次，保证饲料充足，让其自由采食，增加采食量，促进生长发育。为了防止浪费饲料，以免加大饲料成本。肉鸡饲喂应做到定时定量，根据鸡的不同生长发育阶段，每天最大采食量，分成几次饲喂，不可将料堆着喂，或者喂次数太少。一般 1～3 天，每 2 小时给料 1 次，夜间给料 1 次，3 天后每昼夜 6～8 次，后期每天 3 次。

饲料选择：初生雏鸡消化器官尚不发达，胃肠容积较小，开食饲料要求营养丰富、易消化、适口性强且便于啄食的配合料。饲料颗粒要粗细适度，形态大小类似小米，有条件的可选用颗粒破碎料开食，也可用小米或玉米粉作为开食料。以后随着日龄的增长，按照不同生长发育阶段更换不同时期的配合料，以满足其生长发育需要。更换饲料应逐步更换，让鸡有个适应过程，以免因日粮突然改变而引起消化不良，影响生长发育。肉鸡的饲料应符合 NY 5037 的要求。

喂料器具：喂料器具有开食盘和料桶。饲喂器因鸡的日龄不同而进行调整，雏鸡第 1 周用开食盘，第 2 周后改为料桶，喂料器具要充足，且高度与鸡背相等，要随着鸡生长的体高而调整喂料器的高度，这样既便于采食和减少饲料浪费，也可防止饲料污染。一般，第一周每 100 只雏鸡用一个开食盘，一个 4 千克的饮水器，一周后每 100 只鸡需 2 个圆形料桶，2 个普拉松饮水器。并且料桶和饮水器要摆放均匀，距离要近一些，使雏鸡吃完料马上就能喝上水，另外，料桶和水桶要固定，避免鸡踩翻，造成浪费。添料速度要快，让鸡同时均匀地吃上料。

喂料管理：自由采食和定时喂料均可。饲料中可以拌入多种维生素。上市前 7 天，饲喂不含任何药物及药物添加剂的饲料，一定要严格执行停药期。每次添料根据需要确定，尽量保持饲料新鲜，防止饲料发生霉变，随时清除散落的饲料和喂料系统中的垫料。饲料存放在干燥的地方，存放时间不能过长，不喂发霉、变质和生虫的饲料。

夏季喂料管理：一是调整饲料配方。在日粮中添加适量脂肪提高能量浓度，可以使肉鸡对热应激的抵抗力增加；在日粮中添加适量主要氨基酸（赖氨酸、蛋氨酸），可以降低产生热应激肉鸡的体增热，提高饲料利用率；在日粮中添加适量维生素 C，可以缓解热应激对鸡新陈代谢的不良影响。二是饲喂颗粒饲料，改善饲料适口性，使肉鸡增加采食量，从而提高总养分的摄入量。三是改为夜间喂料，晚 8:00 至次日清晨 6:00 是一天当中最凉

爽的时间，这段时间给鸡喂料有助于鸡多采食，白天炎热可让鸡休息。

（二）特点

这种饮水饲喂技术，根据肉鸡的生理特点和生产目的，确定了肉鸡饮水和饲料的质量标准、饮水和饲喂方式、饮水和饲喂器具及注意问题等，在适宜的时间内最大限度地满足肉鸡的生理需求，使肉鸡生产性能最大化发挥，具有操作简单，效果好的特点。

（三）成效

雏鸡出壳后水分散发很快，给刚出壳的雏鸡先饮水是生理上的实际需要，能有效的加快卵黄营养物质的吸收和利用，饮水愈早，利用效果愈好。同时，饮水还可以清理胃肠，排出胎粪，促进新陈代谢，更有利于雏鸡的生长发育。特别是对于长途运输的雏鸡，饮水中添加 3%～5% 的葡萄糖和电解多维，这样有利于雏鸡补充能量，防止早期脱水和维持体内电解质的平衡。自由饮水方式可以充分满足肉鸡对水的需求，促进了生长发育。

雏鸡饮水后即开食，这样有利于雏鸡增重。开食时间不能过晚，否则雏鸡消耗体力过多，容易导致虚弱和脱水，影响生长发育，降低成活率。自由采食和分次饲喂方式能充分满足肉鸡对营养的需求，促进了肉鸡快速生长发育。

（四）案例

辽宁省灯塔市明元肉鸡养殖场，位于灯塔市大河南镇古树子村，是青年吴立元创业项目。鸡场建于 2009 年，占地 2600 平方米，建有两栋砖混结构鸡舍，建筑面积 2100 平方米，总投资 50 万元，年可出栏肉鸡 6 万只。

几年来，吴立元采用科学的饮水与饲喂技术，收到良好的饲养效果，获得了较大的经济效益（图 4-5～图 4-6）。

图 4-5 雏鸡开食　　　　　　　　　图 4-6 雏鸡饮水

雏鸡入舍前 10 天饮用与室温接近的温开水。饮水的方法是雏鸡入舍前 4 小时将温开水灌入饮水器内，以便雏鸡入舍后立刻能饮上水。在最初 3 天的饮水中加入 8% 蔗糖或多维葡萄糖，帮助雏鸡恢复体力，降低雏鸡死亡率。10 天后饮清洁的凉水，采用自由饮水方式。每天用刷子将雏鸡的饮水器或水槽刷洗干净，并在洗刷水中加入消毒剂，以杀死微生物，防止霉菌生长。

　　肉鸡选用的饲料是含有较高的能量、蛋白质，营养全价，适口性好的饲料。喂食初期先将饲料均匀地撒在塑料布上，让小鸡自由采食。最初 3 天，每隔 2 小时喂 1 次，以后白天喂料 5 次，夜间加喂 1 次，每次喂料的时间为 45 分钟至 1 小时。随着鸡日龄的增长更换不同时期的饲料，调整饲喂器的高度，同时，根据不同的季节适当调整日粮配方，保证肉鸡对饲料的最大摄入量。

　　由于明元肉鸡养殖场采用了科学的饮水与饲喂技术，在饲养管理过程中，加强舍内温湿度的管理，注意通风与换气，保持舍内空气新鲜，为雏鸡生长发育创造了良好的环境条件。另外，该场坚持严格的卫生消毒及防疫制度，降低了肉鸡的发病率，使肉鸡生产性能得到了最大发挥。该场饲养的肉鸡49日龄平均体重2.6千克，肉鸡成活率96%以上，料重比2.0:1。

四、网上饲养肉鸡技术

（一）概述

1. 网床的搭建

　　网上饲养肉鸡就是在离地面一定高度搭设支架，在支架上放上木条网垫、竹片网垫、金属网垫或塑料网垫饲养肉鸡的方式。

　　网架的高低可根据鸡舍跨度的大小和举架的高低自行设计。一般举架低的网高可设为 60 ～ 100 厘米，举架高的网高可达 100 ～ 150 厘米，高网饲养有利于粪便的清除，既减轻了作业强度，又保持了舍内空气新鲜。

　　网床的类型分两种，一种是有过道的两列或三列设计，一种是无过道单列设计。目前，由于有过道的两列或三列设计相对无过道单列设计管理操作方便而被广泛应用。尤其是标准化肉鸡场大多应用有过道的两列或三列设计。

　　网垫的选择要根据饲养户的实际情况而定。木条网垫、竹片网垫可就地取材进行制作，成本相对比较低，使用寿命也比较长。但是这种网垫在制作过程中要精细、平整、避免木刺和竹刺刺伤鸡的足底，影响生长发育和肉鸡产品质量。铁丝网垫最好选用纺织型，不得有铁刺，锈蚀损坏的要及时更换。弹性塑料网垫是最理想的，这种网垫柔软有弹性可减少腿病和胸囊肿，提高产品质量。网眼或栅缝的大小以鸡爪不能进入而鸡粪能落下为宜。

2. 饲养管理要点

饲养制度：坚持全进全出的饲养管理制度，即同一范围内只进同一批雏，饲养同一品种、同一日龄鸡，采用统一的饲料，统一的免疫程序和管理措施，并且在同一天全部出场。

饲养管理技术：进雏前，按照"鸡舍及设备的消毒技术"对鸡舍及设备进行彻底消毒；选雏时，按照"雏鸡选择及运输技术"选择优质健康雏鸡；进雏后按照"雏鸡饮水及饲喂技术"进行饮水和饲喂；按照第五章环境控制技术为雏鸡创造适宜的环境条件；按照第六章疫病防控技术进行疫病防控。

注意事项：网上饲养肉鸡易发生胸囊肿疾病，在应用时应注意采取适当措施减少疾病的发生。一是采用铁网平养时，应加一层弹性塑料网，减少坚硬网床对鸡胸部的摩擦。二是减少肉鸡卧地的时间，应采取少喂多餐的办法，促使肉鸡站起来采食活动。

（二）特点

网上饲养肉鸡作为肉鸡的一种饲养方式，具有网床搭建方便，经济实用，使用寿命长、管理操作简单、养殖密度高、饲养效果好的特点。适合于各种不同规模的肉鸡饲养场（户）应用。

（三）成效

应用网上饲养肉鸡与地面平养相比，节省了垫料成本与铺设垫料的人工，搭建的网床使用时间长，费用低。另外，网上饲养肉鸡，鸡不与粪便接触，减少了疫病传染机会，特别是有利于控制球虫病和肠道病的发生，减少了用药量，降低了用药成本；同时，鸡粪漏在网下面，有利于收集和清理，改善了舍内环境；另外，由于鸡在网上饲养，通风换气好于地面平养，有利于鸡的生长发育，收到良好的饲养效果（图4-7、图4-8）。

（四）案例

青岛九联集团肉鸡第五十七养殖场，位于山东省青岛莱西市沽河街道办事处杨家洼村。该场占地5.8万平方米，建设标准化肉鸡舍12栋，每栋建筑面积1512.5平方米，单栋饲养量2.5万只／批。采用全进全出饲养制度，饲养优良肉鸡品种罗斯308或爱拔益加。

该场应用网上平养的饲养方式。采用有过道三列式设计，两个过道宽度均为1米，两侧网床宽度均为3米，中间网床宽度为5米，网床高度为0.73米，网床下均设有清粪沟，采用牵引式刮粪机即时刮粪。该种饲养方式实现了鸡与粪便分离，减少了疫病传染机会，特别是有效控制了球虫病和肠道病的发生，减少了用药量，同时为雏鸡生长发育创造了良好的环境条件，显现出了良好的饲养效果。2010年，该场出栏商品肉鸡130多万只，平均出栏体重达到2.35千克／只，料肉比为1.92∶1。

图4-7 舍内环境

图4-8 网床

五、塑膜暖棚饲养肉鸡技术

（一）概述

1. 棚舍的建造

棚舍的选址应符合畜牧法的有关要求。 棚舍为圆拱式结构，标准的棚舍两侧高1.70～1.80米，舍中间高度为2.60～2.80米，舍宽度为7.20米，长度根据饲养规模而定。棚舍的一端为饲养人员休息室及存放部分饲料。棚的两侧用砖石砌成墙作为支架，也可用木方、木杆或竹竿作为支架，顶棚用钢筋作为棚架，大棚全部用聚氯乙烯塑料薄膜覆盖，塑料棚外面用一层草帘或毡布覆盖，也可以是双层塑料棚中间夹一层毡布，外面再加一层毡布。棚上面可用一些绳索缚牢，防止大风掀棚。棚顶中间每隔3.00米设置一个通气口。舍的两端开门，门宽1.30～1.50米。舍中间为1.20米宽的通道，两边各为3.00米宽的网床。

2. 饲养管理要点

坚持全进全出的饲养管理制度，采用网上平养的饲养方式。

饲养管理技术：进雏前，按照"鸡舍及设备的消毒技术"对棚舍及设备进行彻底消毒；选雏时，按照"雏鸡选择及运输技术"选择优质健康雏鸡；进雏后按照"雏鸡饮水及饲喂技术"进行饮水和饲喂；按照第五章环境控制技术为雏鸡创造适宜的环境条件；按照第六章疫病防控技术进行疫病防控。

注意事项：一是保持塑料薄膜清洁。经常擦拭薄膜表面的灰尘，及时散落薄膜表面上水滴，保持塑料薄膜透光良好。二是控制好温度。视棚内温度需要和日光照射强度，通过草（毡）帘的起落和大棚边底薄膜起落来控制。一般情况下，春秋冬季节，上午阳光充足时卷起草帘吸光提温，下午阳光减弱时放帘保温；夏季搭草帘遮阳，大棚边底薄膜卷起0.6～1米散热。三是注意排湿。由于塑料大棚密闭性好，在低温或阴雨天气容易造成棚内湿度过大，影响肉鸡生长，因此，要注意排湿防潮，及时清除粪便，可在舍内适当投放生石灰作吸湿剂，使舍内保持适宜的湿度。四是加强通风换气，保持舍内空气新鲜。由于肉仔鸡生长速度快，呼吸量大，新鲜空气要充足，以保证氧气的供给，否则易发生呼吸系统疾病，出现腹水征和猝死症等。为此，要根据棚内温度和空气的刺激强度适当进行通风换气。一般春秋季节，早、中、晚三次开启通风孔，卷起大棚边底换气；冬季，在中午前后，温度较高时进行通风换气。

（二）特点

塑膜暖棚饲养肉鸡具有鸡舍建设成本低，经济实用，而且随意性强的特点，特别适用于规模小、资金缺乏的养鸡户。但是，由于舍内昼夜温差较大，冬季湿度大，管理较为困难。

（三）成效

塑膜暖棚饲养肉鸡是实现肉鸡高效生产的途径之一。第一塑膜暖棚建设成本低。其造价仅为砖混结构 1/4 左右。因此，采用塑料暖棚饲养肉鸡，不仅有利于新养鸡户发展和扩大再生产，而且也有利于老养鸡户的资金积累和周转。第二塑膜暖棚饲养肉鸡节能。塑膜暖棚饲养肉鸡，冬季可充分利用太阳能和鸡本身的生物能，维持棚舍内的正常温度，除育雏时需加温，其他时间不需加温；在夏季，可依靠调节草帘来通风，使棚舍内产生凉亭效应，起到降温效果。第三塑膜暖棚饲养肉鸡效果好、效益高。应用塑膜暖棚饲养肉鸡，只要管理好，可以达到与砖混结构的固定式鸡舍同样的料重比、成活率和出栏体重等饲养效果，而且由于鸡舍建设成本低、能源消耗少，降低了生产成本，增加了经济效益。

（四）案例

开原市老城镇后三台子村鸡场，位于开原市老城镇后三台子村边，于 2007 年建场，占地 4000 多平方米，共建有 4 栋塑膜暖棚肉鸡舍，总建筑面积约 3000 平方米。棚舍为圆拱式结构，棚舍两侧高 1.50 米，舍中间高度为 2.80 米，舍宽度为 9.00 米，长度 80 米。棚舍的一端为饲养人员休息室，同时存放部分饲料。棚顶和侧面全部采用钢筋作为支架，暖棚用聚氯乙烯塑料薄膜和毡布覆盖，第一、第三层为塑料，第二、第四层为毡布，棚外面用一些绳索缚牢，防止大风掀棚。棚顶中间每隔 3.00 米设置一个通气口。舍的两端开门，门宽 1.80 米。舍中间为 1.60 米宽的通道，两边各为 3.70 米宽的网床。

该场采用网上平养的饲养方式，平时注意塑料薄膜清洁和维护。按照肉鸡的生理特点，视棚内温度需要和日光照射强度，通过毡帘的起落和大棚边底薄膜起落，控制温度。同时，加强通风换气，保持舍内空气新鲜，为肉鸡创造了良好的环境条件，获得了良好的饲养效果。该场与开原市赢德肉禽有限责任公司签订肉鸡回收合同，每只鸡利润 3.5～4.0 元，年可获利 45 万元左右。

采用塑膜暖棚网上饲养肉鸡，因其建设成本低，增长速度快，饲料转化率高而受肉鸡饲养户的欢迎（图 4-9、图 4-10）。

图 4-9 外景

图 4-10 舍内情景

第二节 黄羽肉鸡的饲养管理技术

黄羽肉鸡（又称优质黄羽肉鸡）是由一些地方黄羽土鸡经过多年的纯化选育，生产性能特别是种鸡的产蛋性能有较大提高，生长速度也有所提高，体质外型毛色趋于一致的群体。这些鸡种保留了原有地方土鸡的肉质风味，深受国内外消费者的欢迎。其特点是：肉味鲜美，肉质细嫩滑软，皮薄，肌间脂肪适量，味香诱人。这些特点是大型肉用仔鸡无法比拟的。

一、黄羽肉鸡育雏期饲养管理技术

（一）概述

1. 做好进雏准备

进雏前检修好鸡舍、饲养设备、电源；准备好足够的食盘、饮水器以及其他用具，然后将鸡舍及用具彻底清洗消毒。消毒方法是先用 0.5% 百毒杀（或其他消毒液）溶液进行全面喷洒消毒，再用 3% 左右的烧碱溶液进行喷洒消毒。消毒完成后，将网床、饮水器、食盘和其他用具用消毒水洗刷干净放入育雏舍内，封闭好门窗，对于新鸡舍，每 1 立方米空间用 28 毫升福尔马林加 14 克高锰酸钾药量消毒；对于已养过鸡，但未发生烈性传染病的鸡舍，每 1 立方米空间用 40 毫升福尔马林加 20 克高锰酸钾药量消毒；对曾发生过烈性传染病的鸡舍，每 1 立方米空间用 50 毫升福尔马林加 25 克高锰酸钾药量消毒。将上述药物准确称取后，先将高锰酸钾放入瓷盆中，再加等量的水，用木棒搅拌至湿润，然后小心地将福尔马林倒入盆中，操作员迅速撤离鸡舍，关严门窗即可。待熏蒸 24 小时左右，然后打开门窗排除甲醛气味，至少空置 2 周。

进雏鸡 2 天前，将设备安装布置好后提前预温，将鸡舍内温度调到育雏所需要求。并按雏鸡营养标准配置适量的雏鸡料，备足垫料，还要备足常用的兽药、消毒药和疫苗。

2. 雏鸡选购与运输

鸡苗应从健康无病，尤其是无传染性疾病的种鸡场购买鸡苗。选择的品种应适合当地饲养环境、饲养习惯，适应市场需求的品种。雏鸡的挑选方法简单概括为"一看、二摸、三听"。一看：用肉眼观察雏鸡精神状态和外观。选择活泼好动，反应灵敏，眼睛明亮有神，绒毛长短适中，羽毛干净有光泽，大小适中，符合品种标准，腹部大小适中，脐部愈合良好，泄殖腔处不粘粪便，两脚站立较稳，腿、喙色浓，没有任何缺陷的雏鸡。二摸：用手触摸雏鸡来判断体质强弱。健雏握在手中腹部柔软有弹性用力向外挣脱，脚及全身有温暖感。三听：听雏鸡的鸣叫声，健雏叫声清脆洪亮。

雏鸡要用专用雏鸡盒装运，运雏车要求既要保温又要通风良好，行车要稳，途中不得停留。运输途中要注意雏鸡盒是否歪斜、翻倒，防止挤压或窒息死亡。进雏时间冬季选择中午，夏季在早晚较合适。长途运输要防止雏鸡脱水，最好在出壳后 36 小时内运到育雏舍。

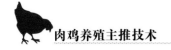

路途远时可选择空运。

3. 饮水与开食

买回的雏鸡连盒一起散放在育雏室内休息 5～10 分钟，再放到地面或网上。雏鸡入舍后应先饮水，用加有 5% 的葡萄糖和 1% 的多维的温水做雏鸡的首次饮水，饮水 2～3 小时后，约有 2/5 的雏鸡有觅食表现时就可开食，把饲料平撒在垫板上，由于雏鸡消化道容积小，消化机能差，故不可过量，过量会造成消化不良，容易发生消化道疾病，要求少给勤添，要有足够的空间让雏鸡自由采食，防止雏鸡相互挤压致死。饲料要求营养丰富，颗粒要求要细小（破碎料）。雏鸡生长发育快，代谢旺盛，所以要保证自由饮水和充足的采食。由于雏鸡处于高温环境中，间断饮水会使雏鸡干渴而造成抢水、暴饮而导致死亡，缺水也容易发生脱水而死亡。

4. 育雏温、湿度控制

育雏温度第一周保持在 32～35℃，从第 2 周起每周下降 2～3℃，可根据环境温度来调节。温度过高时易引起雏鸡上呼吸道疾病、饮水增加、食欲减退等，过低则造成雏鸡生长受阻，相互扎堆，扎堆的时间过长就会造成大批雏鸡被压死。如雏鸡活泼好动，食欲旺盛，饮水适度，粪便正常，羽毛生长良好，休息和睡眠安静，在室（笼）内分布均匀，体重增长正常，则表明舍内温度适宜。育雏相对湿度以 50%～65% 为宜。1～10 日龄舍内相对湿度以 60%～65% 为宜，湿度过低，影响卵黄吸收和羽毛生长，雏鸡易患呼吸道疾病。10 日龄以后相对湿度以 50%～60% 为宜。随着雏鸡体重增加，呼吸与排泄量也相应增多，育雏室相对湿度提高，易诱发球虫病，此时要注意通风，保持室内干燥清洁。

5. 光照、密度和通风

白天可利用自然光照，晚上以人工补光为主，强度一般 1～4 日龄掌握在 20～25 勒克斯，昼夜照明，以便让雏鸡熟悉环境。以后随着日龄增大，光照时间和强度应逐步缩短和减弱，2～3 周龄为 10～15 勒克斯，4 周龄以后为 3～5 勒克斯。而且光照时间逐渐减少，直至自然光照。

饲养密度要适中，一般每平方米 1～2 周龄 40～20 只，3～6 周龄以上 15～10 只，7 周龄以上 10～8 只为宜，采用网上平养比地面垫料方式饲养密度可适当提高。注意通风换气，及时排出舍内氨气和二氧化碳。

6. 断喙与小公鸡阉割

断喙一般在 6～10 日龄进行，太早太迟都对雏鸡不利。断喙时，一手握鸡，拇指置于鸡头部后端，轻压头部和咽部，使鸡舌头缩回，以免灼伤舌头。如果鸡龄较大另一只手可以握住鸡的翅膀或双腿。所用断喙器孔眼大小应使烧灼圈与鼻孔之间相距 2 毫米。一般是上喙切去 1/2，下喙切去 1/3。断喙烧灼时间一般为 2.5～3 秒，不能太快，以防切口没有完全止血，造成雏鸡因出血死亡。为防止断喙带来的应激和出血，在断喙时饲料中应添加双倍的维生素，断喙结束后料桶（槽）中的饲料应有一定的厚度，以便于雏鸡采食。

小公鸡去势育肥是我国传统的黄羽肉鸡生产形式，经去势后的公鸡俗称阉鸡，阉鸡的特点是，除去小公鸡的睾丸以后，雄性生长优势消失了，生长期变长，育肥性能和饲料利用率都明显提高，一般去势后成年鸡比未去势的成年公鸡重 0.5～1 千克，且肉质细嫩、肌间脂肪和皮下脂肪增多，肌纤维细嫩，风味独特。烹制的阉鸡，肉味鲜美，肉质细嫩，滑软可口。脂肪含量适中，味道鲜美，同时土鸡的阉鸡养成后，其体重比同种正常公鸡体重大，载肉量多，进入餐桌后货真价实，深受消费者欢迎。小公鸡去势在 5～8 周龄、体重 0.5 千克左右，能从鸡冠分别公母以后，在鸡的最后一个肋间，距背中线 1 厘米处，顺肋间方向开口 1 厘米左右，用弓弦法将切口张开，再用铁丝将一根马尾导入腹腔，用马尾将睾丸系膜与背部的联结处，捆扎拉断系膜，使睾丸脱落取出，取出一个睾丸再取另一个睾丸，必须把睾丸全部取出。取出后如果切口小可不用缝合，切口大则需要缝合。另一种办法是用小公鸡去势钳，将去势钳从切口伸入，转动 90°，用钳咀压近肠道，看见睾丸后，张开钳咀，把睾丸夹住，夹断睾丸系膜取出睾丸。去势钳的办法在公鸡睾丸大的情况下不宜采用。

7. 放养管理

（1）放养密度与时间

一般选择 4 月初至 10 月底放牧，这期间林地杂草丛生，虫、蚁等昆虫繁衍旺盛，鸡群可采食到充足的生态饲料。此时，外界气温适中，风力不强，能充分利用较长的自然光照，有利于鸡的生长发育。其他月份则采取圈养为主放牧为辅的饲养方式。一般在 4 周龄后开始放养，放养密度以每亩 100 只左右为宜。初训的 2～3 天，因脱温、放养等影响，可在饲料或饮水中加入一定量的维生素 C 或复合维生素等，以防应激。 随雏鸡长大，可在舍内外用网圈围，扩大雏鸡活动范围。放养应选择晴天，中午将雏鸡赶至室外草地或地势较为开阔的坡地进行放养，让其自由采食植物籽实及昆虫。放养时间应结合室外气候和雏鸡活动情况灵活掌握。

（2）归牧调教

放养训练为尽早让鸡养成在果园山林觅食和傍晚返回棚舍的习惯，放养开始时，可用吹哨法给鸡一个响亮信号，进行引导训练。让鸡群逐步建立起"吹哨 – 回舍 – 采食"的条件反射，只要吹哨即可召唤鸡群采食。经过一段时间的训练，鸡只会逐步适应外界的气候和环境，养成了放牧归牧的习惯后，全天放牧。

（3）轮牧划定轮牧区

一般每 5 亩地划为一个牧区，每个牧区用尼龙网隔开，这样既能防止老鼠、黄鼠狼等对鸡群的侵害和带入传染性病菌，有利于管理，又有利于食物链的建立。待一个牧区草虫不足时，再将鸡群转到另一牧区放牧，公母鸡最好分在不同的牧区放养。在养鸡数量少和草虫不足时，可不分区，或采取每饲养 3 批鸡（一般为 1 年）后要将放养场转换至另一个新的地方，使病原菌和宿主脱离，并配合消毒对病原做彻底杀灭。这样不但能有效减少鸡群间病菌的传染机会，而且有利于植被恢复和场地自然净化，同时通过鸡群的活动，可减少放养场内植株病虫害的发生。

（4）棚舍附近需放置若干饮水器，以补充饮水

因鸡接触土壤，水易污染，应勤换水。

（5）定人、喂料定时定点的日常管理

定时定量补饲喂料时间要固定，不可随意改动，这样可增强鸡的条件反射。夏秋季可以少补，春冬季可多补一些。生长期（5～8周龄）的鸡生长速度快，食欲旺盛，每只鸡日补精料25克左右，日补2～3次。育肥期（9周龄全上市）鸡饲养要点是促进脂肪沉积，改善肉质和羽毛的光泽度，做到适时上市。在早晚各补饲1次，按"早半饱、晚适量"的原则确定日补饲量，每只鸡一般在35克左右。

（6）勤观察

放养期日常管理还要做到"四勤"。一是放鸡时勤观察。放鸡时，健康鸡总是争先恐后向外飞跑，弱鸡常常落在后边，病鸡不愿离舍。通过观察可及时发现病鸡，进行隔离和治疗。二是补料时勤观察。健康鸡敏感，往往显示迫不及待；病弱鸡不吃食或吃食动作迟缓；病重鸡表现精神沉郁、两眼闭合、低头缩颈、行动缓慢等。三是清扫时勤观察。正常鸡粪便软硬适中呈堆状或条状，上面覆有少量的白色尿酸盐沉积物；粪便过稀为摄入水分过多或消化不良；浅黄色泡沫粪便大部分由肠炎引起的；白色稀便多为白痢病；排泄深红色血便可能为鸡球虫病。四是关灯后勤观察。晚上关灯后倾听鸡的呼吸是否正常，若带有"咯咯"声，则说明呼吸道有疾病。

（7）卫生防疫

黄羽肉鸡养殖通常较白羽肉鸡饲养时间要长，有的还要放养接触外界与土壤，鸡接触病原菌多，给疾病防治带来了难度。因此，必须做好卫生消毒和防疫工作。

①搞好环境卫生。每天清除舍内外粪便；对鸡粪、污物、病死鸡等进行无害化处理；定期用2%～3%烧碱或20%石灰乳对鸡舍及场地周围进行彻底消毒，也可撒石灰粉；除用药消毒外，还应用药灭蚊、灭蝇、灭鼠等。

②增加免疫内容和疾病控制。由于黄羽肉鸡饲养周期长，与肉用仔鸡相比，应增加些免疫内容。除按正常免疫程序接种疫苗外，应增加马立克疫苗接种，否则在出场时正是马立克发病高峰，一般情况下还应增加鸡痘疫苗刺种免疫。其他免疫项目根据发病特点应用。发现病鸡立即隔离治疗，要特别注意防治球虫病及消化道寄生虫病，经常检查，一旦发现，及时驱虫，也可在饲料或饮水中添加抗球虫药物，通常采用2～3种抗球虫药拌料交替使用，以达到预防和控制的目的。

③严格消毒制度。a. 外来人员不能进入生产区；b. 鸡场门口或生产区入口处要设消毒池和喷雾消毒间，饲料、垫料、饮水、车辆、用具、设备等须消毒处理后进入生产区；c. 养鸡场工作人员，进入鸡场要洗澡消毒，不能串舍；d. 保持鸡舍清洁卫生，料桶、饮水器要定期洗，饲养过程中各种用具、设备使用前后必须清洗消毒；e. 鸡舍内要定期进行全群喷雾消毒，以及搞好其他消毒工作。

（二）特点

黄羽肉鸡雏鸡饲养技术，是根据肉鸡的生理特点和生产目的，确定了雏鸡饲养一般技术要求，及在养殖过程中应该注意的问题等，以满足黄羽雏鸡的生理需求，达到生产性能的最大发挥。

（三）成效

雏鸡出壳后各项生理功能还不完善，需要提供较好的环境条件和营养全面的饲料，以满足雏鸡生理与生长的实际需要，能有效提高雏鸡的成活率、生长速度和饲料转化率。

（四）案例

浙江省杭州萧山志伟家禽有限公司，为自繁自养中速型优质柳州麻花鸡生长企业。该公司为浙江省种子种苗基地和现代畜牧生态养殖示范园区，通过了 ISO 9001 国际质量管理体系认证和 GAP 认证。该公司还创办了"杭州伟业家禽专业合作社"，连接基地 2500 多个农户，发展面上农户 630 家，取得了良好的经济效益和社会效益。该公司生产区由 36 栋鸡舍组成，每栋长 60 米、宽 12 米，单栋饲养量 7500 羽 / 批。采用单栋全进全出模式，饲养周期 80 天，每年生产 4 批，生产规模为 100 万羽左右。该公司平均生产水平为：成活率 98%，公鸡出栏重 2.2 千克，母鸡出栏重 1.6 千克，料肉比 2.8:1，防疫治疗费 0.6元 / 只。

二、黄羽肉鸡育肥期饲养管理技术

（一）概述

1. 适当控制营养需要

按黄羽肉鸡营养水平，饲养那些中、慢速型黄羽肉鸡一种浪费，应该适当降低饲料的营养水平。应根据实际饲养方式、环境条件、及其他因素进行调整。例如，放牧条件下饲养黄羽肉鸡，鸡可以采食到天然动植物饲料，只需补充部分营养物质就可。但因商品鸡生长快、食欲旺盛，所以，补充饲粮中必须含有较高能量和蛋白质，一般饲料中代谢能要高于育雏期，粗蛋白可略低于育雏期，并且增大喂量，供给充足饮水。

2. 实行公母分群饲养

由于公母鸡对营养的需要不同，生长发育速度也不同，公母鸡分开饲养不仅可以提高饲料利用率，而且因为公鸡发育快，可比母鸡提早上市一周左右。通过阉割去势再进行肥育，是我国民间的传统习惯。这个传统习惯在许多地区农村至今仍然保持。

3. 适当的饲养方式

可以采用笼养。优质黄羽肉鸡生长速度慢、体重小，因此，胸囊肿现象基本不会发生。可以采用笼养，特别是后期肥育阶段，采用笼养更有明显效果。在广东一些大型优质黄羽肉鸡饲养场，0～6 周龄育雏阶段采用火坑育雏，7～11 周龄采用竹竿或金属网上饲养，12～15 周龄上笼育肥。

4. 保持环境安静

外人的突然出现，狗、猫、鼠及其他野生动物的窜动，都会惊动鸡群，产生应激，严重影响鸡群采食、饮水、休息等活动，妨碍鸡群的生长发育。

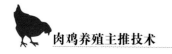

5. 实行全进全出制

"全进全出"是黄羽肉鸡养殖的关键，有条件的每饲养两批鸡要变换场地，并对原场地进行消毒、间隔 3～4 周净化后再饲养鸡。

（二）特点

黄羽肉鸡育肥期通过适当控制营养水平、公母分群、适当的饲养方式，以及注意有关环境要求和实行全进全出制。可使黄羽鸡在育肥期获得较好的饲养效果和取得好的经济效益。

（三）成效

应用育肥期饲养管理技术，适当的饲养方式和其他规范的饲养程序，节省了饲料成本，按照黄羽鸡的快速、中速、慢速品种的特点，给予相应的营养水平和饲养条件，可收到良好的饲养效果。

（四）案例

广西鸿光农牧有限公司木坪鸡场投资 1240 万元，有固定资产 810 万元，2004 年建成。生产区有 30 栋鸡舍，每栋面积 300～500 平方米，饲养量 5500～10000 只。采用单栋全进全出模式，饲养优质黄羽鸡，周期 115 天，空栏 15 天，年均 2.5 批。该场 2010 年出栏肉鸡 28 万只，获经济效益 84.2 万元。近 3 年平均成活率 97%，出栏体重 1.6 千克 / 只，料肉比 3.58:1，防疫治疗费 0.8 元 / 只。

三、黄羽肉鸡不同放养方式的技术

放养（常称生态养殖）目前多为前期舍饲，后期放归自然加补饲的方式，遵循鸡与自然和谐发展的原则，利用鸡的生活习性，在草地、草山草坡、果园、竹园、茶园、河堤、荒滩上放养。由于鸡活动空间大、空气清新，使鸡健康、抗病力强、成活率高，既利用了部分自然资源，降低了饲养成本，又增加了鸡的自然风味。养出的鸡羽毛光亮、冠头红润；皮薄骨细、皮下脂肪适中、风味独特；肉质鲜嫩、鸡味更浓，颇受消费者欢迎。当前，许多农业园区积极发展生态养鸡，取得了良好的成效。现在南方黄羽肉鸡养殖常采用的放养方式有山地放养、林地放养、果园放养、滩区放养等，分述如下。

（一）山地放养技术

1. 概述

（1）放养前的准备工作

①场地选择。山地放养必须远离住宅区、工矿区和主干道路，环境僻静安宁、空气洁净。最好在地势相对平坦、不积水的草山草坡放养，旁边应有树林、果园，以便鸡群在中午前后到树阴乘凉。还要有一片比较开阔的地带进行补饲，让鸡自由啄食。

②搭建棚舍。在放养区找一背风向阳的平地，用油毡、帆布、毛竹等搭建简易鸡舍，要求坐北朝南，也可建成塑料大棚。棚舍能保温、挡风、遮雨、不积水即可。棚舍一般宽

4～5米，长7～9米，中间高度1.7～1.8米，两侧高0.8～0.9米。覆盖层通常用3层，由外向内分别为油毡、稻草、塑料薄膜。棚的主要支架要用铁丝分4个方向拉牢，以防暴风雨把大棚掀翻。

③清棚和消毒。每一批肉鸡出栏以后，应对鸡棚进行彻底清扫，将粪便、垫草清理出去，更换地面表层土。对棚内用具先用3%～5%的来苏尔溶液进行喷雾消毒，对饲养过鸡的草山草坡道路也应先在地面上撒一层熟石灰，然后进行喷洒消毒。无污染的草山草坡，实行游牧饲养，每批最好都用新棚。

④铺设垫料。为了保温，通常需铺设垫料。垫料要求新鲜无污染，松软、干燥、吸水性强、长短粗细适中，种类有锯屑、刨花、稻草、谷壳等，也可以混合使用。使用前应将垫料暴晒，发现发霉垫料应当挑出。铺设厚度以3～5厘米为宜。要求平整，育雏阶段如用火炉加热，垫料远离火炉，以防发生火灾。

⑤放养规模和季节。放养规模以每群1200～1500只为宜，规模太大不便管理，规模太小则效益低，放养密度以每亩山地120只左右为宜，采用"全进全出"制。放养的适宜季度为晚春至中秋，其他时间气温低，虫草减少，不适合放养。

⑥放养方法。3～4周龄前与普通育雏一样，脱温后转移到山上放养。为尽早让小鸡养成上山觅食的好习惯，从脱温转入山上开始，每日上午进行上山引导训练。一般要两人配合，一人在前吹哨开道并抛散颗粒料，让鸡跟随哄抢，另一人在后用竹竿驱赶，直到全部上山。为强化效果，每日中午可以在山上吹哨补饲一次，同时饲养员应坚持在棚舍及时赶走提前归舍的鸡，并控制鸡群活动范围。傍晚再用同样的方法进行归舍训导。每日归舍后要进行最后一次补饲，形成条件反射。如此训练5～7天，鸡群即可建立条件反射。

（2）培育好雏鸡

育雏阶段不同的季节需要保温的时间长短不同，育雏前期大量时间在育雏舍度过，后期天气好时适当进行放养训练。雏鸡入舍后适时饮水与开食，给予雏鸡适宜的环境条件等（见前述）。

（3）生长期的饲养管理

30日龄至上市前15天。此项的特点是鸡只生长速度快，食欲旺盛，采食量不断增加。这时主要形成骨架和内脏。饲养目的是使鸡体得到充分的发育和羽毛丰满，为后期的育肥打下基础。饲养方式以放牧结合补饲。一般应注意以下3点。

①公母分群饲养。一般公雏羽毛生长较慢，竞食能力和争斗性强，增重快，饲料转化率高。而母雏由于内分泌激素方面的差异，沉积脂肪能力强，增重慢，饲料转化率差，公母分养，各自在适当的日龄上市，采用不同的饲养管理制度，有利于提高整齐度，降低残次品率。

②补饲。生长全期采用定时补饲，把饲料放在料桶内或直接撒在地上，早晚各一次，吃净吃饱为止。

③驱虫。放牧20～30天后，就要进行第一次驱虫，隔15天后进行第二次驱虫。主要驱除体内的蛔虫和绦虫等。用药、用药量及驱虫方法详见有关内容。

（4）肥育期的饲养管理

肥育期一般为20～30天。此期的饲养要点是促进鸡体内脂肪的沉积，增加肉鸡的肥度，

改善肉质和羽毛的光泽度。在饲养管理上应注意以下几点。

①更换饲料。肥育期要提高日粮的代谢能，相对降低蛋白质含量。能量水平一般要求较高，应多补充高能量饲料。为了达到这个水平，往往需添加植物性脂肪。但不能添加有异味的鱼油、牛油、羊油等油脂。

②搞好放牧肥育。让鸡多采食昆虫、嫩草、树叶、草根等野生资源，节约饲料，提高肉质风味，使上市鸡的外观、肉质更适合消费者的要求。进入肥育期后应减少鸡的活动范围，减少鸡的运动，有利于肥育。

③重视杀虫、灭鼠和清洁消毒工作。苍蝇、蚊子既偷吃饲料、惊扰鸡群，又是疾病传播的媒介，也是传播病原的媒介。所以要求每月毒杀老鼠 2～3 次（要注意收回中毒鼠、药物），经常施药喷杀蚊子、苍蝇。肥育期间，棚舍内环境、料槽、工具要经常清洗和消毒。

2. 特点

在生态条件较好的丘陵、低山、草坡地区以放牧为主，辅以补饲的方式进行优质肉鸡生产可以取得较高的经济效益。这种方式投资少，商品鸡售价高，又符合绿色食品要求，深受消费者青睐。

3. 成效

山地条件下，放养鸡的活动半径一般为 100 米，最大活动半径为 1000 米，根据土层厚度、植被状况，确定适宜的放养密度和最大放养密度和适宜的放牧小区面积和放养规模；在山地放养条件和黄羽肉鸡不同生理条件下，选择适当的营养标准和补充精料量；按免疫程序接种疫苗，可获得较好的养殖效果。

4. 案例

湖南雁湖农牧有限公司（前身为湘潭县雁芙生态农牧发展专业合作社）专门从事以山地鸡为主的生态家禽生产、供应、销售和相关产业的发展。注册资金 568 万元，现有总资产 3000 万元。按照"五统一、一分散"的方式进行具体运作，引导农民从事家禽产业化和规模化生产经营，形成了"公司＋合作社＋基地＋农户"的产业化规模。发展了 35000多农户、5000 多农民专业从事生态家禽养殖。公司与农户合办了 30 个年产 1000 万羽以上的商品家禽养殖基地；发展了土黑羽鸡、土湘黄鸡、老水鸭 9 个系列 28 个品种的家禽产品。公司"雁芙"品牌生态家禽产品受到了广大消费者的青睐，港澳客商需求旺盛，供不应求。采用的是"合作社＋基地＋农户"的产业化模式运行，2009 年供应禽苗 1700 万羽，发展社员 217 名，养殖户 3570 户，带动养鸡农户增收 8000 多万元，解决了农村 5000 余人就业。

（二）林地放养技术

1. 概述

放牧林地选择　牧地应选择乔木林地（俗称亮脚木）为好，因灌木林不便于鸡活动和管理人员的巡视，同时应选择没有兽害的地方，放养密度以每亩 120～180 只为宜。采用"全进全出"制。

修建棚舍　应选择背风向阳、地热高燥、平坦的地方建棚，就地取材，搭建简易棚舍，只要白天能避雨遮阳，晚上能适当保温就行（见山地放养部分）。

①设置围网。放牧林地应根据管理人员的收牧水平决定是否围网。围网采用网目为2厘米×2厘米的渔网即可、网高1.5～2米即可

②放牧与收牧。雏鸡一般在室内饲养脱温后，选择晴天在小范围内进行试牧，再逐步扩大放牧范围和延长放牧时间。鸡只放牧期间每日傍晚必须进行收牧并清点鸡数，观察健康状况总结每日放牧情况。

③补饲。林地放牧饲料资源不能完全满足鸡的生长需要，特别是在牧草等天然食物不足的时候，所以必须进行补饲，以提高鸡只生长速度和均匀度。此外，林地中应多处放置清洁饮水供白天饮用。补饲一般在傍晚收牧后进行，但在出售前1～2周，应增加补饲，减少放牧，有利于肥育增重。中后期的补饲饲料中不能加蚕蛹、鱼粉、肉粉等动物性饲料，以免影响鸡肉的风味。要限量使用菜籽粕、棉籽粕及有关添加剂及药物等，以免影响肉的品质。

④树苗保护。有的地方在苗圃中放养肉鸡，需要注意的是春天树苗刚刚萌发的阶段不能让鸡群到苗圃地中活动，以免损坏幼苗。当树苗长到1米左右的时候，才能考虑放养鸡。

⑤防止天敌危害。在放养过程中，一定要搞好安全防范，预防天敌的危害。天敌主要有黄鼠狼、野猫等，它们利用天然树林做屏障，随时可能捕捉鸡只。因此，在放养时期抓好安全。预防天敌可以用训练好的家犬驱逐附近的鼠类和鼬类，在放牧场周围设置好围栏，以减少兽害。

2. 特点

成片的树林中杂草和昆虫等野生饲料资源丰富，是放养黄羽肉鸡的理想场所。与果园不同的是，林地一般少喷洒药物，可以减少农药中毒。

3. 效果

林地养鸡不仅可以节省饲料，减少成本，而且饲养出的鸡肉质鲜嫩可口，绿色无污染，符合人们对食品安全健康的要求，是农民增收致富的好项目。

4. 案例

湖南洪江嵩云禽业有限公司为怀化市农业产业化龙头企业，主要从事雪峰乌骨鸡的提纯复壮、繁育推广、商品鸡的饲养示范、养殖户技术培训和商品鸡的销售等业务。采取"公司＋基地＋农户"的模式，以合同制形式组建了家禽业协会，与养殖户结成心连连利益风险的共同体，全面推进雪峰乌骨鸡产业化进程。该该公司利用该地区农户分散，树林较多，房前屋后果园、荒地和林地多有天然饵食如草籽、嫩草、虫蚁等，加上运动和充足的阳光的优势和雪峰乌骨鸡健壮、活泼、觅食力强、耐粗放饲养的特点，主要采用林地和果树地饲养。该公司常年饲养雪峰乌骨鸡原种鸡1000套、父母代10000套，生产苗鸡180万羽，下联专业养殖大户100余户，年饲养雪峰乌骨鸡100万羽，为养殖户创造较好的经济效益.

（三）果园放养技术

1. 概述

（1）果园放养设施

①围网筑栏。果园周边要有隔离设施，防止鸡到果园以外活动而走失，同时，可与外

界隔离作用，有利于防病。果园四周可以建造围墙或设置篱笆，也可以选择尼龙网、镀塑铁丝网或竹围，高度 2.5 米以上，防止飞出。围栏面积是根据饲养数量而定。

②搭建鸡舍。在果树林地边，选择地势高燥的地方搭建鸡舍，要求坐北朝南，与饲养人员的住宿相邻，便于夜间观察鸡群。雏鸡阶段鸡舍中要加温设施，创造舒适的环境条件。生长期白天在果园活动，晚上在鸡舍中过夜。鸡舍建设应尽量降低成本，北方地区要注意保温性能，南方地区要注意防潮隔热。鸡舍高度 2.5～3 米，四周设置栖架，方便鸡夜间栖高休息。鸡舍大小根据饲养量多少而定，一般每平方米 10～15 只。

③喂料和饮水设备。包括料桶、料槽、饮水器、水盒等。喂料用具放置在鸡舍内及鸡舍附近，饮水用具不仅放在鸡舍及附近，在果园内也需要分散放置，以便于鸡只随时饮水。为了节约饲料，需要科学选择料槽和料桶，合理控制饲喂量。由于鸡吃料时容易拥挤，应把料槽或料桶固定好，避免将料槽或料桶挤翻，造成饲料浪费。料桶、料槽数量要充足，每次加料量不要过多，加至容量的 1/3 即可。

④放养规模及进雏时间。根据果园面积，每亩放养商品鸡 80～120 只，进雏数量按每亩 100～150 只。一般在每年 2～6 月份进雏，放养期 3～4 个月。这段时间刚好是果园牧草生长旺盛、昆虫饲料丰富、果园副产品残留多，可很好利用。采用"全进全出"制。

（2）育雏期的饲养管理

①适应期的饲养管理。10 日龄前需要使用全价配合饲料，此后在晴暖的天气可以在饲料中掺入一些切碎的、鲜嫩的青绿饲料。15 日龄后可以逐步采用每日在鸡舍外附近地面撒一些配合饲料和青绿饲料，诱导雏鸡在地面觅食，以适应以后在果园内采食野生饲料。

②搞好卫生防疫。雏鸡阶段最容易患病，要及时清理鸡舍地面粪便，定期进行消毒，按时接种疫苗，适时喂抗菌药物和抗寄生虫药物，病鸡及时检查和处理。

③饮水。15 日龄前饮水器都放置在鸡舍内，之后在舍外也要放置一些。保持饮水器内经常有清洁饮水。

（3）果园养鸡的日常饲养管理要求

①合理补饲。根据野生饲料资源情况，决定补饲量的多少，如果园内杂草、昆虫比较多，鸡觅食可以吃饱，傍晚在鸡舍内的料槽中放置少量的饲料即可。如果白天吃不饱，除了傍晚饲喂以外，中午和夜间另需补饲两次。雏鸡阶段使用质量较好的全价饲料，自由采食，5 周龄后可逐步添加谷物杂粮，降低饲料成本。

②光照管理。鸡舍外面需要悬挂若干个带罩的灯泡，夜间补充光照。目的是可以减少狗、猫和野生动物接近鸡舍，保证鸡群安全，同时，可以引诱昆虫让鸡傍晚采食。

③观察鸡群。每日早晨鸡群出舍时，鸡只应该争先恐后地向鸡舍外跑，如果有个别鸡行动迟缓或待在鸡舍不愿出去，说明健康状况出现问题，需要及时进行隔离观察，进行诊断和治疗。每天傍晚，当鸡群回舍补饲的时候要清点鸡数，看鸡的嗉囊是否充满食物以决定补饲量的多少。

④防止农药中毒。果园为了防止病虫害需要在一定时期喷洒农药，对鸡群造成毒害。在选择果树品种时优先考虑抗病、抗虫品种，尽量减少喷药次数，减少对鸡的影响。施药时应尽量使用低毒高效农药，或者实行跟区域放养。

⑤防止野生动物的危害。可能进入果园内的野生动物很多，如黄鼠狼、老鼠、蛇、鹰等，

这些野生动物对不同日龄的鸡都可能造成危害。夜间在鸡舍外面悬挂几个灯泡，使鸡舍外面整夜比较明亮。也可用训练好的家犬驱逐附近的鼠类和鼬类，在放牧场周围设置好围栏，以减少兽害。管理员住在鸡舍旁边也有助于防止野生动物靠近。

⑥归舍训练。黄昏归巢是禽类的生活习惯，但是，个别鸡会出现找不到鸡舍，晚上在果树上栖息的情况。晚上鸡在鸡舍外栖息，容易受到伤害，应从小训练傍晚回舍的习惯。做好晚上补饲工作，并用哨子使其形成条件反射，能够顺利归舍。

⑦果实的保护。鸡觅食力强，活动范围广，喜欢飞高栖息，啄皮啄叶，严重影响果树生长和水果品质，所以在水果生长收获期，果树主干四周要用竹篱笆圈好，果实采用套袋技术。

2. 特点

利用果园空地人工育虫、放牧，可使黄羽鸡饲养恢复自然生态，大量节约全价饲料，提高鸡肉的品质。同时，实行立体种养结合，种果与养鸡优势互补，把一个大果园同时发展成为一个商品鸡生产基地。把鸡场搬到果园，在柑、橙、李或其他果园的一端，搭起半敞开的简易鸡舍，面积为 200 ～ 250 平方米，用竹篱把果园四周围起来，作为鸡的运动场。雏鸡在育雏舍培育 20 ～ 30 天便可放出运动。鸡舍和运动场设料槽和饮水器，让其自由采食和饮水，白天放养，晚上入舍，这样管理比较简便，可大幅度减少投资。

3. 效果

果园放养除了提高鸡肉品质，降低生产成本等优点外，还因为鸡粪改良土壤，可减少化肥施用量，同时有除草、灭虫作用，减少农药的使用量，从而提高水果品质。

4. 案例

湖南天心黄鸡育种有限公司是湖南省天心实业集团有限公司旗下的骨干种苗企业，该公司以湖南优质特色地方鸡种的保护和培育为己任，致力于"天心黄"品牌优质肉鸡的产业化开发，是集良种繁育、饲料生产、肉鸡饲养、成品鸡销售，产、学、研一体化的现代企业机制的育种企业，常年对外供应特色优质肉鸡父母代种苗、商品苗，供应小鸡料、中鸡料、大鸡料和预混料系列产品，采取"公司＋基地＋养殖协会＋农户"的模式，采取生态放养的饲养方式，带动公司周边和其他农户利用山地、果园等条件养鸡，并提供饲养管理，疫病防控和保健技术服务，以及为养殖场的选址规划设计，设备、器械选型等提供指导。

第三节 地方鸡林下(果园)放养案例

广西岑溪外贸鸡场有限公司是最早推广地方鸡林下（果园）放养的企业之一。1993年开始采取公司＋农户模式发展古典鸡林下（果园）放养，目前有农户 1500 多户，分布在岑溪市 14 个乡镇，以及藤县、苍梧县的 6 个乡镇，年出栏古典型岑溪三黄鸡 2000 万只。主要在松树林、桉树、桂树、八角树、荔枝园、龙眼园、油茶园等放养，搭建简易鸡舍，育雏期用薄膜或彩条布围一小间密封保温鸡舍，采用火道或火炉保温，脱温后放牧，每批饲养量 3000～5000 只，放养密度为 1500～3000 只 / 公顷，采用轮牧方式，一个场地连续养鸡 1～2 年后换另一个新场地，或者一批鸡出栏后停 1～2 个月再进下一批鸡。饲养周期 150 天左右，母鸡出栏体重 1.3 千克，这种方式饲养的鸡羽毛光亮冠脸红润肉质鲜美，每千克市场售价比其他鸡高出 2～3 元。

第四节 档案管理与溯源

一、建立档案的必要性

在质量管理体系中生产过程记录十分重要，它是生产过程的真实反映，是质量管理机构对生产过程实施监控的手段，是实现产品可追溯的基础。

建立养殖档案是落实畜禽产品质量责任追究制度，保障畜禽产品质量安全的重要基础，是加强畜禽养殖场管理，建立和完善动物标识及疫病可追溯体系的基本手段。

二、肉鸡养殖档案的要求

根据农业部第67号令《畜禽标识和养殖档案管理办法》要求，商品肉鸡养殖场应当建立以下基本养殖档案，载明内容。

①肉鸡的品种、数量、标识情况、来源和进出场日期。

②饲料、饲料添加剂等投入品和兽药的来源、名称、时间和用量等有关情况。

③检疫、免疫、监测、消毒情况。

④畜禽发病、诊疗、死亡和无害化处理情况。

⑤养殖场畜禽养殖代码。

三、养殖档案格式

根据农业部第67号令与农业部"关于加强畜禽养殖管理的通知"文件的要求，商品肉鸡养殖场应建立表4-1至表4-13基本养殖档案，格式及填写记录要求见表4-1～表4-13；也可用表4-15代替表4-1。表4-14、表4-15为选择性记录表格式。各种记录表宜单印成册。

肉鸡养殖场可根据这些表格的基本要求，结合本场在生产管理中的实际情况，对表格进行适当调整和整合。在印制这些表格时，可在每种表格的首页印刷表下的注内容，不需要在每个表下印刷表下注的内容。

表4-1 XXXX鸡场生产记录（按日或变动记录）

| 鸡舍号 | 时间 | 变动情况（数量） | | | 存栏数 | 备注 |
		调入	调出	死淘		

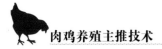

注：1. 鸡舍号：填写肉鸡饲养的舍编号或名称；

    2. 时间：填写调入、调出和死淘的时间；

    3. 变动情况：填写调入、调出和死淘的数量。调入的需要在备注栏注明动物检疫合格证明编号，并将检疫证明原件粘贴在记录背面。调出的需要在备注栏注明详细的去向。死亡的需要在备注栏注明死亡和淘汰的原因；

    4. 存栏数：填写存栏总数，为上次存栏数和变动数量之和

表4-2 XXXX鸡场饲料、饲料添加剂使用记录

开始使用时间	鸡舍号	名称	生产厂家	加工日期	用量	停止使用时间	备注

注：1. 填写肉鸡饲养舍的编号或名称；

    2. 肉鸡场外购的饲料应在备注栏注明原料组成；

    3. 肉鸡场自加工的饲料在生产厂家栏填写自加工，并在备注栏写明使用的饲料添加剂的详细成分

表4-3 XXXX鸡场兽药、饲料药物添加剂使用记录

开始使用时间	鸡舍号	用药鸡数量	药品名称	生产厂家	批号	方法及剂量	停止使用时间	休药期	使用人签字

注：1. 鸡舍号：填写肉鸡饲养舍的编号或名称；

  2. 药品名称：填写通用名和商品名；

  3. 批号：填写兽药的批号；

  4. 方法及剂量：填写药物使用的具体方法，如口服、拌料、饮水、肌肉注射等；剂量指对一只或一群鸡实际用的药量；

  5. 休药期：填写兽药包装注明的肉鸡或禽休药期天数

表4-4 XXXX鸡场消毒记录

日期	消毒对象	消毒药名称	用药剂量	消毒方法	操作员签字

注：1. 时间：填写实施消毒的时间；

  2. 消毒对象：填写鸡舍、净道、污道、污水沟、舍周边环境、人员出入通道、用具等；

  3. 消毒药名称：填写消毒药的化学名称；

  4. 用药剂量：填写消毒药的使用量和使用浓度；

  5. 消毒方法：填写熏蒸、喷洒、浸泡、焚烧等

表4-5 XXXX鸡场免疫记录

时间	鸡舍号	免疫数量	疫苗名称	疫苗生产厂	批号（有效期）	免疫方法	免疫剂量	免疫人员签字

注：1. 时间：填写实施免疫的时间；

  2. 鸡舍号：填写肉鸡饲养舍的编号或名称；

  3. 批号：填写疫苗的批号；

  4. 数量：填写同批次免疫肉鸡的数量，单位为只；

  5. 免疫方法：填写免疫的具体方法，如喷雾、饮水、滴鼻点眼、注射部位等方法；

  6. 免疫剂量：填写一只肉鸡或一群鸡实际接种疫苗的数量

表4-6 XXXX鸡场诊疗记录

时间	鸡舍号	日龄	发病数	病因	诊疗人员	用药名称	用药方法	诊疗结果

注：1. 圈舍号：填写肉鸡饲养的舍编号或名称；

2. 诊疗人员：填写作出诊断结果的单位，如某某动物疫病预防控制中心。执业兽医填写执业兽医的姓名；

3. 用药名称：填写使用药物通用名和商品名；

4. 用药方法：填写药物使用的具体方法，如口服、肌肉注射等

表4-7 XXXX鸡场防疫监测记录

采样日期	鸡舍号	采样数量	监测项目	监测单位	监测结果	处理情况	备注

注：1. 鸡舍号：填写肉鸡饲养的舍编号或名称；

2. 监测项目：填写具体的内容如新城疫免疫抗体监测；

3. 监测单位：填写实施监测的单位名称，如：某某动物疫病预防控制中心。企业自行监测的填写自检。企业委托社会检测机构监测的填写受委托机构的名称；

4. 监测结果：填写具体的监测结果，如阴性、阳性、抗体效价数等；

5. 处理情况：填写针对监测结果对肉鸡采取的处理方法。针对抗体效价低于正常保护水平，可填写为对肉鸡进行重新免疫

表 4-8 XXXX鸡场病死鸡无害化处理记录

日期	数量	处理或死亡原因	畜禽标识编码	处理方法	处理单位（或责任人）	备注

注：1. 日期：填写肉鸡无害化处理的日期；

2. 数量：填写同批次处理的病死肉鸡的数量，单位为只；

3. 处理或死亡原因：填写实施无害化处理的原因，如染疫、正常死亡、死因不明等；

4. 处理方法：填写《畜禽病害肉尸及其产品无害化处理规程》GB 16548 规定的无害化处理方法；

5. 处理单位：委托无害化处理场实施无害化处理的填写处理单位名称；由本场自行实施无害化处理的由实施无害化处理的人员签字

表 4-9 XXXX鸡场兽药、饲料药物添加剂采购及入库记录

采购日期	兽药名称	生产厂家	批准文号	批号	有效期至	规格	数量	采购人	购货地点	入库日期	保管员

注：1. 兽药：包括血清制品、疫苗、诊断制品、中药材、中成药、化学药品、抗生素、生化药品及外用杀虫剂、消毒剂等；

2. 药品名称：填写通用名和商品名；

3. 批准文号：填写农业部颁发给该生产厂家允许生产此产品的批准文号；

4. 批号：填写兽药的批号；

5. 有效期至：填写购进的兽药失效日期；

6. 规格：填写该兽药主要药物的含量；

7. 购货地点：填写在哪个兽药经营企业购的兽药；如从厂家购进，直接填厂家名；

8. 购货人：填写亲自采购兽药的人

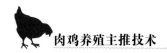

表4-10 XXXX鸡场兽药、饲料药物添加剂出库记录

出库日期	兽药名称	生产厂家	批号	数量	领料人

注：1. 药品名称：填写通用名和商品名；

2. 批号：填写兽药的批号

表4-11 XXXX鸡场饲料、饲料添加剂购进记录

购进日期	产品名称	生产厂家	批准文号或审查合格证号	生产日期	包装规格	数量	购货地点	购货人	保管员

注：1. 产品名称：指购进的饲料（包括单一饲料、配合饲料、浓缩饲料、精料补充料、添加剂预混合饲料）和饲料添加剂名称；

2. 生产厂家：指生产饲料和饲料添加剂的厂家。如是原粮型的单一饲料记供应商即可。自加工的饲料在生产厂家栏填写自加工，并在备注栏写明使用的饲料添加剂的详细成分；

3. 批准文号或审查合格证号：指省级饲料主管部门颁发的产品批准文号或饲料生产企业审查合格证号。添加剂预混合饲料、饲料添加剂填批准文号；配合饲料、浓缩饲料、精料补充料填饲料生产企业审查合格证号。未规定有批准文号或审查合格证的单一饲料此处不填；

4. 生产日期：指饲料厂家生产该产品的日期。未规定有批准文号或审查合格证的单一饲料此处不填；

5. 包装规格：指千克／袋等；

6. 数量：指袋、千克、吨等；

7. 购货地点：指在哪个饲料经营企业购的饲料和饲料添加剂。如从厂家购进，直接填厂家；

8. 购货人：指亲自采购饲料和饲料添加剂的人

表 4-12　XXXX 鸡场肉鸡销售记录

出场日期	名称	日龄	数量	动物检疫证明编号	价格	购买人及联系方式	销售负责人

注：1. 名称：填写肉鸡的品种或商品名称；

　　2. 日龄：填写肉鸡出栏时的日龄；

　　3. 动物检疫证明：填写动物检疫合格证明（动物 A、动物 B）编号；

　　4. 购买人及联系方式：填写具体的购买单位或个人以及联系方式

表 4-13　XXXX 鸡场粪便及污染物无害化处理记录

日　　期	种类	数量	处理方法	处理地点	处理单位（或责任人）

注：1. 日期：填写粪便及污染物无害化处理的日期；

　　2. 种类：填写处理物为粪便或污染物（被病原微生物污染或可能被污染的垫料、饲料和其他物品）；

　　3. 数量：填写具体数值，以立方米为单位；不清楚者，填写全部或部分；

　　4. 处理方法：填写深埋、焚烧、堆积发酵或其他方法；

　　5. 处理地点：填写场内或场外具体地点，若有特定处理场所者，填写具体名称；

　　6. 处理单位：委托无害化处理场实施无害化处理的填写处理单位名称；由本厂自行实施无害化处理的由实施无害化处理的人员签字

表4-14 XXXX鸡场环境控制记录表

鸡舍号		光照	湿度	温度		
				时间（点）		
日期	日龄					

注：1. 鸡舍号：填写肉鸡饲养的舍编号或名称；

2. 日龄：填写肉鸡日龄；

3. 光照：填写每天光照小时；

4. 湿度：填写每天定时测定的舍内湿度；

5. 温度：可根据需要确定每天固定的时间测定舍内的温度次数，填写每次测定的温度

表4-15 XXXX鸡场日生产记录

鸡舍号	品种	雏鸡来源	进鸡数量	进鸡日期

日期	日龄	存栏	鸡群死淘（只）		饲料消耗（千克、克）			免疫		用药		体重（克）	光照（小时）	温度（℃）	湿度（%）
			死亡	淘汰	饲料名	总耗料	只均耗料	疫苗名称	方法剂量	药品名称	方法剂量				

注：1. 鸡舍号：填写肉鸡饲养的舍编号或名称；

2. 雏鸡来源：填写雏鸡来自的孵化场或种鸡场名；

3. 日龄：填写肉鸡日龄；

4. 存栏：填写当日死淘后的存栏数；

5. 鸡群死淘：填写当天死亡和淘汰数量；

6. 饲料名：填写名称或饲料代号；

7. 总消耗与只均耗料：填写当天饲料总消耗量和与存栏相除后的只平均消耗量；

8. 免疫方法：填写免疫的具体方法，如喷雾、饮水、滴鼻点眼、注射部位等方法；

9. 免疫剂量：填写一只或一群鸡接种疫苗的数量；

10. 药品名称：填写通用名或商品名；

11. 方法剂量：填写药物使用的具体方法，如口服、拌料、饮水、肌肉注射等；剂量指对一只或一群鸡实际用的药量；

12. 光照：填写当天光照小时；

13. 湿度：填写当天定时测定的舍内湿度；

14. 温度：填写当天定时测定的舍内温度

四、档案填写

鸡场应培训本场有关技术、生产、管理、采购、保管、销售等人员，让他们认识建立养殖档案记录的必要性与重要性，学习理解这些表格要填写的内容与要求。要求员工严格按各项档案记录表要求填写，确保档案记录真实有效。

五、档案保存

（一）档案室

鸡场应建立专用的档案室或档案柜。

（二）档案整理

每年对各种生产记录进行整理，分类装订成册。每批购进雏鸡证明也要整理保存。进鸡证明包括：雏鸡生产场的"种畜禽生产经营许可证"复印件、动物检疫合格证明等。

（三）保存期限

根据农业部第67号令要求，商品肉鸡养殖档案和防疫档案保存时间为2年。

六、肉鸡标识

《畜禽标识和养殖档案管理办法》中规定：畜禽标识是指经农业部批准使用的耳标、电子标签、脚环以及其他承载畜禽信息的标识物。

畜禽标识实行一畜一标，编码应当具有唯一性。畜禽标识不得重复使用。

目前我国只有猪、牛、羊实行个体挂标。家禽由于饲养数量庞大等原因，暂不对每个商品肉鸡个体实施挂标。

第五章 环境控制技术

　　鸡舍环境是影响肉鸡健康和生产性能的重要条件，如果环境条件不适宜则会造成肉鸡生长速度和饲料效率下降，甚至发病。不同饲养阶段的肉鸡对环境条件的要求存在差异，因此，在肉鸡生产中要根据鸡群的特点合理控制环境条件，保证鸡群良好的生产效果。

第一节 温度控制技术

　　肉鸡养殖根据规模，饲养方式的不同，需要选择合适的加温设备，可利用的加热方式有地热供暖、热风、水暖两用炉供暖、保温伞、红外线灯、煤炉、地下烟道保温等，肉鸡养殖降温主要采用湿帘、风机配套降温。

一、肉鸡保温技术

　　温度是肉鸡正常生长发育的首要条件，与肉鸡的体温调节、活动、采食、饮水、饲料的消化吸收、抗病能力等有密切的关系。初生雏鸡御寒能力和调节体温的能力较差，需要依靠环境温度来调节；育肥期肉鸡体温调节机能已经相对完善，适应的温度范围也较宽。这个阶段的环境温度主要影响肉鸡的生长速度和饲料转化率，高于或低于适宜温度，肉鸡的肥育效果都会变差。

　　肉鸡养殖根据规模，饲养方式的不同，需要选择合适的加温设备，有利用热风、水暖两用炉供暖、地面无烟管道供暖、地下烟道保温、保温伞、红外线灯、煤炉等，肉鸡养殖降温主要采用湿帘、风机配套降温。

（一）水暖风暖两用热风炉供暖（适合大中型养殖户）

1.水暖风暖两用热风炉组成

　　由主机，辅机，微电脑控制器及循环水泵等共同组成的养殖调温设备，具有冬季加温、夏季降温的双重功效。

　　主机（图5-1）：以燃煤为主,配装轴流风机。水暖系统采用水包火多管结合的常压设计，运行安全可靠。风暖系统采用多根风管组合设计，热风量大，热利用率95%以上，便于除尘与维修。

　　辅机：主要由散热器和散热风机组成，作用是把主机热水循环送至的热量通过散热风机和散热器散发到室内，使室内的温度迅速提高。

　　微电脑控制器（图5-2）：是对风温、水温进行控制的一种新型自动化智能控制器，按照用户设定的程序对生产过程进行自动化管理。控制器在停电时能自动保存数据，来电时自动复位,微电脑自控箱是本系统的自控部分,可根据需要锁定温度，以达到自控的目的。

循环水泵：安装在主机的进水管处，主机和辅机是通过镀锌管和PPR管进行连接的，工作时水泵把主机炉体内热水通过管道强制送过辅机散热器内，通过散热器散完热能后再送回主机内。

2. 水暖风暖两用热风炉的特点

大部分的热量是通过水来传导的，水能够蕴藏较多的热量，慢慢地散发出来，使室内的温度升降都比较均匀，不会出现纯暖风炉送风机一停温度就急剧下降的情况并以水为介质进行热的传递，彻底解决了传统纯风暖热风机吹出热风吸收空气中水分的问题，极大地节省了能源，在当今能源价格不断上涨的时候，为客户节约了大量的资金，有良好的经济效益。

3. 水暖风暖两用热风炉使用效果

热效率高，热风量大，热利用率95%以上，比一般采暖器要高出30%以上，通过以风机为媒介代替了普通采暖器的自然散热为强制散热，从根本上解决了单纯用水暖升温慢的弊病；冬季接入热水组成暖风机，夏季接入冷水组成冷风机，降温5～8℃（图5-1～图5-2）。

图 5-1 水暖风暖两用热风炉（左为加热部分，右为室内送热部分）

图 5-2 水暖风暖两用热风炉的鸡舍内安装情况

4. 案例

湖北同星农业有限公司何店桂花肉鸡示范场采用先进的自动化供暖设备升温快,热利用率95%以上,温度稳定,温差小并且可以自动控制,该场2010年共出栏毛鸡210万只,产肉量5313吨,创效益627万元,成活率95.1%,料肉比1.85:1,均重2.53千克/只,每平方米出毛鸡重33千克。示范效应好,带动了周边农户,大大提高了饲养水平和饲养效益。

(二)地面无烟管道供暖技术

1. 地面无烟管道系统设计要求

地面烟道总体结构可分灶头、烟道与烟囱3部分,总长度约为20米,整条烟道从截面上看呈:"n"形,内部中空部分高360毫米,宽180毫米,顶部用60毫米砖架拱。(图5-3)。

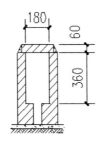

图 5-3 地面无烟管道系统灶头设计示意图

烟囱部分,外尺寸为300毫米×300毫米,采用60毫米砖墙,烟囱高度会影响到拉风的效果。如果太高,拉风快,煤烧得快;如果太低,拉风较慢,煤燃烧不起来,起温不快。一般伸出鸡舍屋顶240毫米即可,高度较矮鸡舍可适当增加烟囱高度。

烟道从离灶头2米处至烟囱部分,两侧采用60毫米砖墙,在靠地面处用砖与沙浆砌成120毫米墙宽、0~180毫米高的自然平滑过渡坡度。在靠近烟囱2.3米部分,底部需增加斜度,前后高度相差280毫米,用水泥沙浆填充(图5-4)。

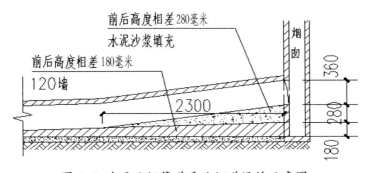

图 5-4 地面无烟管道系统烟道设计示意图

烟道靠近灶头2米处部分,两侧采用120毫米砖墙,底部是平滑过渡的水泥沙浆坡度,前后高度相差370毫米,坡度尾部与鸡舍地面持平(图5-5)。

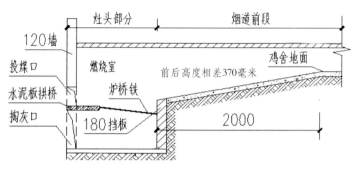

图 5-5 地面无烟管道系统总体设计示意图

灶头部分需沉下地面，结构可分为上下两层，上层为燃烧室，下层为进风口与掏灰口，中间用炉桥铁与水泥板拱桥隔开。灶头深度为 1.1 米，上层燃烧室的投煤口大小为 250 毫米 ×250 毫米，采用 120 毫米砖墙与外面隔开。投煤口底部为 50 毫米高、400 毫米宽、700 毫米长的水泥拱桥，拱桥后紧接炉桥铁，炉桥铁为由 φ14 焊接成宽 280 毫米、长 700 毫米中间间隔 40 毫米的铁网。炉桥铁安装成一定斜度，前高后低，高度相差 100 毫米，以方便燃烧完的煤往里掉，在炉桥铁尾部有一高度为 180 毫米的挡板，是燃煤在灶头燃烧位置的界限。燃烧室宽度亦 250 毫米，内部为中空结构，直通烟道。灶头下部分掏灰口整体形状呈梯形，上部与投煤口相连，宽度为 250 毫米，下部分宽度为 420 毫米，高度至少 500 毫米。灶头两侧地面以下部分采用 240 毫米砖墙，地面以上部分采用 120 毫米砖墙。灶头外部需留不少于长 1 米，宽 0.8 米的空间以方便站人下去烧灶、掏灰。炉灶在屋内的灶头上方的可以垒起高度 70～90 厘米的砖块，避免灶头温度过高致使屋中屋的薄膜下放时烫坏或者着火（图 5-6 和图 5-7）。

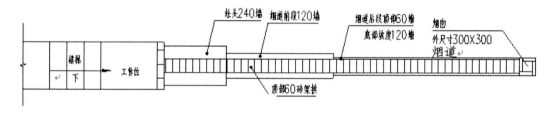

图 5-6 烟道俯视图

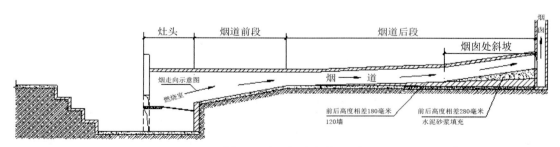

图 5-7 烟道剖面图

2. 使用方法

地面烟道可以选择烟煤、木柴、垫料等一切可以燃烧的物质。主要是根据当地不同燃料的价格、所需的燃烧值来选定燃料。使用时，先在地灶中架半满灶木柴，从炉桥下面点燃木柴，让木柴火充满半灶以上底火，再把有烟煤加上去，有烟煤加到半满，让灶桥上燃煤全面燃满时，再把煤加足一灶，这样底火足，以后燃过半灶煤，还剩半灶时又加满，让灶内底火一直足够。这样不需要太多热量就能升到需要室温时，可盖湿煤压住火（千万不要用水直接浇到火上），缓慢燃烧，保住底火不熄，当需要旺火时勾动压火的煤层就能迅速燃大火。烟煤可以采用体积较大的片煤和粉煤（粉煤可以加黄土、水搅拌成泥状）混合使用（这样成本更低）。养户在使用过程中可以把大块的烟煤放下层，上层用粉煤和泥土混合物覆盖，这样不仅避免碎小的烟煤容易从炉膛掉落浪费，并且减小燃烧面积，能延长燃烧时间。在中大鸡阶段只需提高十几度室温就能满足肉鸡生长需要的情况下，只需保留灶中火种加少量的烟煤即可。

地面烟道在使用过程中一定要做好密封工作，尤其是靠近烟囱部分的密封工作应引起高度重视，密封不严热气容易外漏，可购买4米宽的薄膜搭建"屋中屋"进行密封，减少薄膜与薄膜间过多的衔接处造成热量外漏。

3. 使用效果

节约燃料、降低保温成本。地面烟道由于燃料燃烧充分，燃烧值可达99.8%以上，中心温度高，保温效果好，可大大减少燃料和降低保温费用。数据表明，在保温效果一致的前提下，地面烟道保温成本比传统方法低，使用地面养户每5000只鸡采用地面烟道冬春季保温费用在2400元左右，而使用单炉的保温费用在5760元左右；地面烟道的使用比其他的可以节约1/3～1/2的保温费用。具体数据见表5-1。

表5-1 地面烟道与传统方法保温成本的比较（以5000只鸡计数）

保温方式	燃料	数量	单价	保温时间	保温费用	注明
地面烟道	煤	50千克／天	1.20元／千克	40天	2400元	冬春季
煤炉	煤	120千克／天	1.20元／千克	40天	5760元	

燃料多样化、养户选择性大。地面烟道燃料可以是煤、柴、垫料等多种可燃性材料，养户可根据当地不同燃料的价格、充分利用当地能源选择合适的燃料，既方便使用，又可以进一步降低燃料成本。

节约劳动力、提高劳动效率。按照传统方法保温，5000只鸡苗约需用煤炉5个煤炉才可以对雏鸡进行有效的保温。但用烟道保温只需一条就足够了，而且不需要搭保温架就可以有良好的保温效果。在添加燃料时，传统的保温方式每次要对5个煤炉加燃料，而烟道只加一个炉头，大大节省了大量的人力，减轻养户的劳动强度，提高工作效率。

废气完全排出鸡舍外、舍内空气质量好。传统的保温方法如煤炉、产生的废气多且没有专用通道排出，每年都有许多鸡群发生煤气中毒事故，垫料容易潮湿、舍内氨味浓、空气质量差，鸡群容易得呼吸道疾病和细菌性疾病，鸡群健康状况差；使用地面烟道产生废气少且全部经烟囱排出舍外，加上垫料干爽，氨气少，舍内空气质量得到保证，减少鸡群

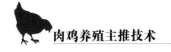

呼吸道疾病的发生，有利于鸡群健康生长。

安全性能好、安全隐患少。传统的煤炉如果操作不当非常容易引起火灾，所以，每年都有养户鸡舍火灾事故发生，给养户和公司带来巨大的损失，而地面烟道是比较安全的保温方法，安全隐患少。

保温效果佳、生产成绩好。地面烟道由于燃料集中燃烧，统一供温，温度较稳定，适用于小、中、大鸡的保温，保温效果佳，肉鸡生产成绩好；而由于传统的煤炉的体积太小，发出的热量有限，后程的温度偏低不稳定，保温效果不理想，肉鸡生产成绩会受气候影响较大。

对使用地面烟道的饲养户和不使用地面烟道保温的饲养户对比结果，成活率提高3.16%（表5-2）。

表5-2 使用地面烟道和不使用地面烟道肉鸡成活率比较

组别	批次	饲养量（只）	出栏量（只）	成活率（%）	对比（%）
试验组	280	1680000	1619100	96.38	+3.16
对照组	400	2400000	2237200	93.22	

4. 案例（南宁温氏肉鸡养殖基地）

2009年以来，南宁市广东温氏畜禽有限公司投入80多万元补助390户农户改造保温供暖设施，由地下无烟管道供暖保温改为地上无烟管道供暖保温，提高保温阶段舍内温度的均匀度和舒适度，减少因温度不适而导致的呼吸道病发生概率，提高肉鸡成活率和商品肉鸡的均匀度（图5-8）。

图 5-8 地面烟道加热方式

（三）地热供暖系统

1. 概述

该系统由地热井、抽水泵、压力罐、输水系统、散热器、通风管、循环水管、调节阀等构成。

地热井：根据不同地区的地质和水资源（地热资源）特点，热水井的深度不一样，多数在1000～2000米深度（图5-9）。

抽水泵：将地热井内的热水抽到地表面的压力罐内。

压力罐：通过加压泵的作用，增大容器内的压力以便于将其中的热水输送到输水系统内。

图5-9 地热井及加压系统　　图5-10 散热器及通风管

输水系统：是压力罐通向各个用热水单元的热水管道。

散热器：包括散热片和风机，设备运行后热水通过散热片释放热量，被风机吹到通风管内。

通风管：散热器内送出的热空气通过送风管扩散到指定的范围内（图5-10）。

循环水管：作为辅助性加热系统，可以铺设在鸡舍的局部（尤其是肉鸡刚被接入鸡舍后生活的区域）以提高局部温度。

调节阀：用于控制水管内的热水流速以调节温度（图5-11）。

图5-11 热水流量调节阀

2. 地热供暖系统的特点

该系统适用于较大规模的肉鸡养殖场，以辐射方式向室内散热，使室内地表面温度均匀，室温由下而上逐渐递减，有利于防止肉鸡腹部受凉。热源使用范围广，在间歇供暖情况下，可保持室内恒温，热利用效率高。节省燃料、电力消耗低，操作管理简单，安全可

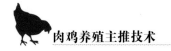

靠，经济实用。减少污浊空气对流，空气洁净无污染，热稳定性好，室内温度变化小。

3. 地热供暖系统的使用效果

从地热井内抽出的热水输送到鸡舍散热器的时候，水温能够达到55℃，能够满足一定范围内的升温需要。如果升温范围较大则需要加铺循环水管以辅助提高局部温度。

4. 地热供暖系统的应用案例

河南大用集团周口分公司和焦作分公司肉鸡养殖小区都采用这种加热方式，每个小区有12栋肉鸡舍，每栋鸡舍可以饲养45000只肉鸡。使用这种加热系统获得了良好的效果，尤其是减少了燃料的使用，减少了环境污染。

（四）其他加热技术（适合中小养殖户）

1. 火炉加热

火炉是最经济的取暖设备，但使用时要注意防火。如果鸡舍保温性能良好，一般15～20平方米用一个火炉即可。在距火炉15厘米的周围用铁丝或砖隔离，以防雏鸡进入火炉烧死或与垫料燃烧引起火灾。火炉加温需用铁皮烟筒将废气排出，防止煤气中毒，火炉烟道要根据风向放置，以防烟囱口经常顶风，火炉倒烟。

2. 电热育雏伞

伞面用铁皮或防火纤维板制成，内侧加装电热丝和控温设备。电热育雏伞适合平面育雏使用，伞四周用20厘米高护板或围栏圈起，随日龄增加面扩大面积。伞下及四周温度不同，雏鸡可选择适温区活动。每个育雏伞可育雏250～300只。

3. 红外灯或电热毯保温

红外灯或电热毯都是市场上销售的产品。红外灯泡悬挂在鸡舍内离地30～50厘米处，并可根据雏鸡温度的需求调节悬挂的高度，每个红外灯泡可保温100～200只雏鸡。电热毯用时要平铺在细沙地面或垫有旧麻袋的网床上，再在毯上盖一层旧布或纤维袋和塑料薄膜等，然后将雏鸡放在上面保温，单人电热毯可保温100～150只雏鸡，双人电热毯可保温150～250只雏鸡。

二、湿帘、风机配套降温技术

"湿帘-负压风机"降温系统是由纸质多孔湿帘、水循环系统、风扇组成。在自然界水分蒸发会降低温度；湿帘在波纹状的纤维纸表面有层薄薄的水膜，当室外干热空气被风机吸抽穿过纸垫时，水膜上的水会吸收空气中的热量进而蒸发成为水蒸汽，这样经过处理后的凉爽湿润的空气就进入室内了。湿帘降温原理正是利用了风机与湿帘的有效组合，当室内温度超过肉鸡需要温度，需要降温时，通过控制系统的指令启动风机，将室内的空气强行抽出，造成负压；同时水泵将水打在对面的湿帘墙上。室外空气被负压吸入室内时，以一定的速度从湿帘的缝隙穿过，导致水分蒸发、降温，冷空气流经鸡舍，吸收室内热量后，经风机排出，从而达到循环降温的目的。

（一）湿帘、风机选择技术

1. 风机数量的确定

根据一栋鸡舍的换气次数，计算所需总风量，进而计算得风机数量。计算公式：$N=V×n/Q$ 其中：N——风机数量（台）；V——鸡舍体积（立方米）；n——换气次数（次／小时）；Q——所选风机型号的单台风量（立方米／小时）。风机型号的选择应该根据实际情况，尽量选取与原窗口尺寸相匹配的风机型号，风机与湿帘尽量保持一定的距离（尽可能分别装在鸡舍的山墙两侧），实现良好的通风换气效果。排风侧尽量不靠近附近建筑物，以防影响附近住户。

举例：一个鸡舍长 36 米，宽 25 米，高 4.5 米，安装负压风机降温湿帘。

即：① V——场地体积 =（36 米 ×25 米 ×4.5 米）=4050 立方米

② n——换气次数（次／小时），按 60 次／小时。

③ Q——所选风机型号的单台风量（立方米／小时），采用 KOME-1250 型，风量为 44500 立方米／小时。

④依照 $N=V×n/Q$ 计算：$N=$［4050 立方米 ×60 次／小时］/445000 立方米／小时 ≈ 5.5 台。

⑤考虑实际排风，造成负压流失，安全起见再乘以安全系数 1.2，即 5.5 台 ×1.2=6.6。

⑥根据以上结论采用 KOME-1250 型风机 7 台。

2. 湿帘面积的确定

根据风机的数量，可以按每台风机配置 4 ～ 5 平方米的湿帘不计算所需湿帘的总面积。

可按风帘的过帘风速来计算湿帘的总面积，一般 15 厘米厚风帘的过帘风速一般取 1.8 ～ 2.5 米／秒，风帘总面积可按下式计算：$S=L/3600v$ 其中：S——湿帘计算面积（平方米）；L——湿帘通风量（立方米／小时），$L=Q×N$；v——过帘风速（1.5 ～ 2 米／秒）；

即：① L——湿帘通风量（立方米／小时）=Q（44500 立方米／小时）×N（7 台）=311500 立方米／小时。

② $S= L/3600v$ =311500/（3600×2.5）=35 平方米。

3. 湿帘水循环系统与水泵选型

湿帘水循环系统。 为了节约水源，所以湿帘系统要配合水泵实现系统的水循环利用，附以地下水池（有条件可以采用冷却水塔）实现回水的冷却。

水泵选型方法。 水泵的水量可根据每平方米湿帘配 5 千克／小时的水来确定；水泵扬程可按湿帘安装高度及管道系统阻力计算确定。

（二）使用效果

温度是对家禽生产性能影响最大的因素，鸡的最适宜环境温度是 16 ～ 25℃。当炎热夏季到来时，由于持续的高温环境会引起鸡只特别是肉用种鸡的热应激，造成生产性能下降，甚至衰弱、死亡。夏季高温易造成肉种鸡中暑死亡，最为严重的死亡率可达 25% ～ 30%，经济损失极为严重。即使是商品肉鸡，在 5 周龄后需求的环境温度也是在

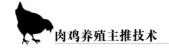

20～25℃，而夏季的温度常常高于此标准。因此，鸡舍的防暑降温已是亟待解决的问题。而获得国家专利的湿帘降温技术，在我国养禽业上得到了广泛的推广和应用。

湿帘风机降温系统是目前最新、最有效的降温措施之一，试验表明，该系统可使舍内温度平均降低7～10℃，空气愈干热，温差愈大，降温效果越好，在高温低湿地区降温幅度可达15℃以上，这样即使舍外气温高达38℃，舍内仍然保持30℃以下，取得理想的降温效果。

在鸡舍中使用降温系统，不但能有效地降低鸡舍内的温度，改善舍内空气的湿度，而且还能引入新鲜空气，减少鸡舍内的硫化氢和氨气等有害气体的浓度。

（三）案例

湖北同星农业有限公司何店桂花肉鸡示范场采用先进的自动化湿帘、风机配套降温系统，当环境温度38℃时，通过利用降温系统可以使舍内温度降到28℃，不但能有效地降低鸡舍内的温度，改善舍内空气的湿度，而且还能引入新鲜空气，减少鸡舍内的硫化氢和氨气等有害气体的浓度。该场2010年共出栏毛鸡210万只，产量5313吨，创效益627万元，成活率95.1%，料肉比1.85:1，均重2.53千克/只，每平方米出毛鸡重33千克。示范效应好，带动了周边农户大大提高了饲养水平和饲养效益（图5-12、图5-13）。

图 5-12 湿帘、风机配套降温系统（风机）　图 5-13 湿帘、风机配套降温系统（湿帘）

第二节 空气质量控制技术

一、概 述

鸡舍内的空气质量是影响肉鸡健康与生长的重要因素,尤其是在高密度饲养条件下鸡舍内空气更容易恶化。当前肉鸡生产过程中很多健康问题都与鸡舍内的空气质量差有很大关系。如空气中有害气体含量高会对呼吸道黏膜产生不良刺激,降低黏膜对微生物的屏障作用;空气中粉尘会携带微生物,当粉尘含量高的时候会在肉鸡呼吸的过程中进入呼吸道,对呼吸道产生刺激而且其携带的微生物也会进入呼吸道,诱发呼吸系统感染问题。这也是冬季肉鸡养殖过程中常常由于忽视通风而导致发病较多的重要原因。因此,改善鸡舍内空气质量是提高肉鸡生产性能的重要基础。

由于空气质量的组成复杂,在采取相应的改善措施也有不同,需要针对某种特定的因素采取相应的方法。

二、特 点

由于肉鸡舍内空气质量的组成复杂,其控制措施各具特点。

(一)肉鸡舍空气中有害气体含量的控制

1. 有害气体的类型与特性

鸡舍内的有害气体主要是氨气、硫化氢和一氧化碳。

氨气(NH_3)为无色有刺激性恶臭的气味,易溶于水;硫化氢(H_2S)是硫的氢化物中最简单的一种,又名氢硫酸,常温时硫化氢是一种无色有臭鸡蛋气味的剧毒气体;一氧化碳(CO)纯品为无色、无臭、无刺激性的气体。

2. 有害气体对肉鸡生产的危害

氨气对接触的皮肤组织都有腐蚀和刺激作用,可以吸收皮肤组织中的水分,使组织蛋白变性,并使组织脂肪皂化,破坏细胞膜结构。氨气的溶解度极高,所以主要对动物的上呼吸道有刺激和腐蚀作用,常被吸附在皮肤黏膜和眼结膜上,从而产生刺激和炎症。可麻痹呼吸道纤毛和损害黏膜上皮组织,使病原微生物易于侵入,减弱人体对疾病的抵抗力。氨气被吸入肺后容易通过肺泡进入血液,与血红蛋白结合,破坏运氧功能。鸡舍中氨气的浓度一般不应超过15毫克/千克。鸡在低浓度氨气的长期毒害下采食量下降,对疾病抵抗力减弱;鸡新城疫和败血霉形体病发生率升高,生产性能下降。高浓度氨气对鸡的毒害作用更大,可引起呼吸道深部和肺泡损伤,使大批雏鸡受损伤甚至死亡。20毫克/千克的氨气浓度即可引起鸡发生角膜炎,可使鸡呼吸频率降低,产蛋率大幅度下降。雏鸡对氨气更为敏感。

硫化氢是强烈的神经毒素,对黏膜有强烈刺激作用。其毒性作用的主要靶器是中枢神经系统和呼吸系统，亦可伴有心脏等多器官损害。接触高浓度硫化氢后以脑病表现为显著，出现步态蹒跚、烦躁等；可突然发生昏迷；还可出现化学性支气管炎、肺炎、肺水肿、急性呼吸窘迫综合征等。鸡舍中的硫化氢浓度一般不应超过 10 毫克 / 千克。硫化氢为含硫有机物分解而产生，它可引起角膜炎，严重时会导致鸡呼吸中枢麻痹而死。低浓度硫化氢长期毒害可使鸡体质下降，抵抗疾病能力降低，精神委顿，食欲不振，生产性能下降。

一氧化碳进入动物机体之后会和血液中的血红蛋白结合，进而使血红蛋白不能与氧气结合，从而引起机体组织出现缺氧，导致动物窒息死亡。因此，一氧化碳具有毒性。一氧化碳是无色、无臭、无味的气体，故易于忽略而致中毒。鸡舍中一氧化碳浓度一般要求不超过 24 毫克 / 千克。鸡舍如果用煤，就必须密切观察雏鸡的活动状况，若出现一氧化碳中毒症状，如不安、呆立、呼吸困难、减食、昏睡、震颤、惊厥等必须立即采取措施。

3. 有害气体的产生

鸡舍内氨气和硫化氢的产生都是微生物对鸡舍内有机质（粪便、饲料残渣等）分解的产物；一氧化碳则是燃料燃烧不充分的产物。

4. 有害气体含量的控制方法

有害气体的控制需要采取综合性技术措施。

（1）减少有害气体的产生

①提高饲料的利用效率：减少粪便中有机质的排量，尤其是要提高蛋白质的消化利用效率是减少氨气和硫化氢产生的主要条件。

②抑制微生物的活动：可以通过降低粪便中的含水率或在饲料中添加抑菌添加剂，或对粪便和垫料定期进行消毒处理。当粪便中微生物活动减少后有害气体的产生量也会显著减少。

③用乙酸与氨气进行结合反应：在鸡舍内用过氧乙酸喷雾，过氧乙酸可与氨气生成醋酸铵，同时能杀灭多种细菌和病毒。方法是将 20% 过氧乙酸溶液稀释成 0.3% 浓度，每立方米空间喷雾 30 毫升，每周 1 ～ 2 次。在鸡舍内撒过磷酸钙，过磷酸钙可与氨结合生成磷酸铵。方法是每 10 平方米撒过磷酸钙 0.5 千克，每周撒 1 次。

④及时移除有害气体产生的基质：及时清除粪便、垫料，将其运送到远离鸡舍的指定处理区内进行堆积发酵或干燥处理。

（2）及时排出鸡舍内的有害气体

合理安排鸡舍的通风，保证合适的气流速度和气流分布。

（二）肉鸡舍空气中粉尘的控制技术

1. 粉尘的类型与特性

粉尘是指悬浮在空气中的固体微粒。习惯上对粉尘有许多名称，如灰尘、尘埃、烟尘、矿尘、沙尘、粉末等。国际标准化组织规定，粒径小于 75 微米的固体悬浮物定义为粉尘。

2. 粉尘对肉鸡生产的危害

粒径小于 10 波米的粉尘由于粒小体轻，会直接进入肺部组织，损伤黏膜，对机体的健康造成侵害。粉尘作用于呼吸道，早期可引起鼻腔黏膜机能亢进，毛细血管扩张，还可形成咽炎、喉炎、气管及支气管炎。独立的细菌或真菌很难在洁净的空气中存活，必须附着在含有有机物的粉尘、雾滴、飞沫上才能生存、繁殖，因此，呼吸道疾病的发病率一般是随着粉尘含量的增加而升高。鸡舍内空气中粉尘含量高常常诱发呼吸道感染或加重已经感染的呼吸系统疾病的症状。

3. 粉尘的产生

鸡舍内的粉尘主要来自于粪便和垫料中干燥的微粒、饲料中的微粒，通风过程中带入鸡舍内的地面粉尘等。

4. 粉尘含量的控制方法

(1) 使用畜禽舍电净化防疫系统

该系统包括主电源、控制器、空间电极网络3部分，控制器可安装在鸡舍操作间内或鸡舍内，主电源和空间电极网络安装在鸡舍内。电极网络是由一根数个均匀布置在鸡舍天花板或三角架横梁下方的绝缘子悬挂的电极线组成。它可在鸡舍内建立空间电场控制网络，对鸡舍内粉尘、有害气体和微生物能够有效清除（图5-14至图5-16）。

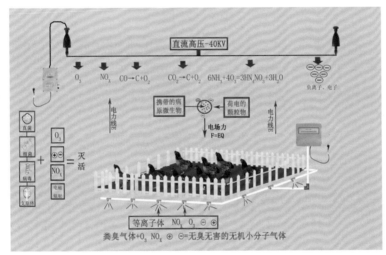

图 5-14 畜禽舍电净化防疫系统工作原理示意图

图 5-15 畜禽舍电净化防疫系统设备

图 5-16 鸡舍内安装的电净化防疫系统

（2）保持鸡舍内的适宜湿度

将鸡舍内的空气湿度控制在 60% 左右能够显著减少粉尘的产生。

（3）使用颗粒饲料

颗粒饲料的粒度大，不像粉状饲料中的粉末状成分一旦有空气流动就会飞散到空气中（图 5-17、图 5-18）。

图 5-17 颗粒饲料

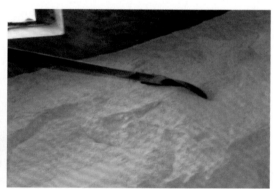

图 5-18 粉状饲料

（三）肉鸡舍空气中湿度的控制

1. 空气湿度的概念

空气湿度是表示空气中水汽含量和湿润程度的气象要素。相对湿度用空气中实际水汽压与当时气温下的饱和水汽压之比的百分数表示。

2. 空气湿度对肉鸡生产的影响

肉鸡生产中一般前 10 天的相对湿度应保持 60% ～ 70%，后期 50% ～ 60%。如果前期过于干燥易引起脱水，羽毛生长不良、影响采食且空气中尘土飞扬，易引起呼吸道疾病。后期由于日龄增长，采食量、饮水量、呼吸量和排泄量的增加，容易造成湿度过大的现象，因而应以防潮为主。

防止湿度过高是肉鸡生产中经常遇到的问题。湿度过高容易引起垫料和饲料发霉变质，容易导致微生物和寄生虫的孳生，容易造成有害气体含量升高，在高温情况下会妨碍肉鸡的散热过程。这些都不利于肉鸡的健康。

3. 室内空气湿度的来源

包括饮水系统中水的蒸发和漏水、鸡群呼吸过程中呼出的水汽、粪便或垫料中水分蒸发、喷雾过程中增加的水汽、空气流动过程中带入鸡舍的湿度等。

4. 空气湿度的控制方法

（1）增湿措施

当鸡舍内湿度偏低时需要增加湿度，一般见于肉鸡养殖的第 1 周。可以通过在加热器上放置水盆，通过加热使盆中的水分适量蒸发；也可以利用喷雾的方式进行带鸡消毒。

（2）降湿措施

这是肉鸡生产中应用最多的情况。包括合理通风、减少供水系统漏水、及时清理粪便或潮湿的垫料、将鸡舍修建在地势较高的地方、鸡舍内地面要比舍外高 35 厘米左右，合理修建排水系统等。

（四）温度缓降管理

在低温季节，鸡舍在通风的时候容易在进风口附近出现温度骤降的问题，这种情况出现后容易导致鸡只受凉、发生感冒，抵抗力下降，容易感染其他疾病，这也是冬季肉鸡发病率高的重要诱因。

为解决这一问题，在鸡舍设计时，可以将进风口与天棚上部联通，在天棚上设置百叶窗，一旦风机打开后进入鸡舍的冷空气先到达天棚上部，之后再通过百叶窗进入 天棚下空间，当到达鸡身体周围的时候，已经与室内热空气混合，不会造成鸡身体周围空气温度的急剧下降，避免了鸡只受凉感冒的问题。

三、成 效

（一）肉鸡舍空气中有害气体含量的控制效果

1. 减少有害气体的产生

①提高饲料的利用效率：使用全价饲料能够提高其中各种营养素的利用效率，尤其是依据可利用氨基酸进行肉鸡饲料配合，能够使蛋白质的利用率提高 5%～9%。这样就使粪便中氮素的含量降低 5%～9%，能够减少氨气和硫化氢的产生。

②抑制微生物的活动：研究报道称利用丝兰属植物提取物对降低鸡舍中氨气浓度，经过 28 天试验表明，试验组鸡舍内氨气平均浓度为 4.75 毫克 / 升，对照组鸡舍内氨气平均浓度为 13.80 毫克 / 升，两鸡舍内氨气平均浓度差异显著。

③用乙酸与氨气进行结合反应：在鸡舍内用过氧乙酸喷雾，过氧乙酸可与氨气生成醋酸铵，同时能杀灭多种细菌和病毒。能够使氨气的含量降低 50% 左右，并能够使空气中菌落总数降低 30%～50%。

2. 及时排出鸡舍内的有害气体

合理的通风换气能够有效降低鸡舍内有害气体的含量。据生产实践中的测定发现，当采用纵向通风方式，鸡舍内气流速度达到 0.6 米 / 秒的时候能够使舍内空气中氨气的含

量下降至 9 毫克 / 升以下，而气流速度为 0.2 米 / 秒的时候舍内空气中氨气的含量则为 13.29 毫克 / 升。

（二）肉鸡舍空气中粉尘的控制效果

1. 使用畜禽舍电净化防疫系统

对鸡舍内粉尘的清除效率一般为 80% ～ 100%，可降低空气湿度 3% ～ 12%，对有害气体的清除效率一般为 40% ～ 60%，对二氧化碳的清除效率为 30% ～ 40%。鸡舍空气中的微生物菌落数的清除效率为 82% ～ 99%。对环境安全型笼养鸡舍，不但鸡舍上方设置空间电场控制网络，而且粪道内也需设置空间电场控制电极，这样的全方位空间电场控制系统能够使空气中的微生物菌落数的清除效率达到 90% ～ 99%。

2. 保持鸡舍内的适宜湿度

当鸡舍内的空气湿度控制在 60% 左右的时候，空气中粉尘的含量比湿度为 45% 的时候减少 30%。

3. 使用颗粒饲料

根据报道，在地面垫料平养鸡舍内气流速度为 0.4 米 / 秒的情况下使用颗粒饲料与粉状饲料相比，在喂饲后 10 分钟距地面 1 米处的粉尘浓度减少 64.27%。

（三）肉鸡舍空气中湿度的控制效果

1. 增湿措施

肉鸡养殖的第 1 周常常出现舍内湿度偏低的问题，如果在加热火炉上放置水壶，促进水分蒸发可以使室内湿度达到正常水平。利用喷雾的方式进行带鸡消毒也是增加湿度的有效措施。

2. 降湿措施

当鸡舍内的气流速度从 0.15 米 / 秒升高至 0.4 米 / 秒的时候，鸡舍的相对湿度能够从 77% 降低至 65%；肉鸡采用地面垫料平养方式饲养至 21 日龄时室内相对湿度能够达到 72% 以上，在更换部分潮湿垫料后经过 12 小时，湿度能够下降到 66% 左右；采用真空饮水器的情况下饮水系统设置不合理并有漏水现象时室内湿度高达 70% 以上，改进饮水器放置位置和减少漏水问题后能够控制在 65% 左右。

（四）温度缓降处理

采用温度缓降措施后，在冬季通风时鸡舍内靠近进风口位置的温度下降幅度与常规方法相比明显减小，鸡只受到的冷应激得到有效缓降。

四、案　例

（一）用过氧乙酸喷雾改善肉鸡舍空气质量

河南禹州温氏家禽公司（现名为禹州汉元家禽有限公司）种鸡场和合作养殖户在每年

的低温季节定期使用过氧乙酸对鸡舍内进行带鸡喷雾消毒，不仅明显改善了舍内的空气质量，也有效地提高了鸡群的成活率。

安徽省望江县畜牧局在麦元 AA 肉种鸡场进行的过氧乙酸带鸡消毒试验也表明 40 日龄和 80 日龄时试验组的成活率分别比对照组提高 3.6% 和 4.1%。

（二）畜禽舍电净化防疫系统的应用

新疆阿勒泰地区福海一农场共安装 2 套该系统，运行良好，畜产品产量和品质均有较大幅度的提高。在 2010 年伊始，阿勒泰地区补充购置 4 套畜禽舍空气电净化自动防疫系统，进行更大规模的试验。当地畜牧业专业人员已经认识到畜禽舍空气电净化自动防疫系统所带来的经济效益。

2009 年大成集团与大连市农业机械化研究所签订了建设 3 栋环境安全型肉鸡舍，装备为 3DDF-450 型畜禽舍空气电净化自动防疫系统。设备安装后，空气灭菌率达到 90%，成活率提高 10%。

第三节 光照控制技术

一、概 述

光照对肉鸡生产性能具有非常重要的影响，肉鸡光照的目的是为了延长采食和饮水时间，促进生长速度。肉鸡品种、生长阶段、鸡舍类型不同，采用的光照方式、光照时间、光照强度也不一样。

（一）开放式鸡舍光照控制技术

光照分自然光照和人工光照两种。开放式鸡舍（有窗鸡舍），白天借助太阳光自然光照，夜间施行人工补光。白天应通过遮盖部分窗户等方式采取遮光措施，限制部分自然光照，避免强烈的日光进入鸡舍，鸡的趋光性会使鸡扎堆。有条件的鸡场应安装鸡舍照明定时控制器设定光照程序，自动控制光照时间（图5-19）。

图 5-19 鸡舍照明定时控制器

1. 光照方式与时间

1～3日龄每天光照24小时。4日龄至出栏施行23小时连续光照，1小时黑暗。4日龄至出栏也可施行混合光照，即白天依靠自然光连续光照，夜间施行间歇光照（指光照和黑暗交替进行），2小时光照，2小时黑暗交替。

2. 光照强度

1～3日龄光照强度为20勒克斯，4日龄以后光照强度为5～10勒克斯。若使用白炽灯泡，灯高2米左右，1～3日龄每平方米2～3瓦，4日龄以后每平方米1.3～0.75瓦。

（二）密闭式鸡舍光照控制技术

密闭式鸡舍应安装鸡舍照明定时控制器（同开放式鸡舍）设定光照程序，自动控制光照时间和光照强度。

1. 光照方式与时间

0～7日龄宜采用连续光照，即从鸡苗入舍至7日龄，给予23小时光照，1小时黑暗。8日龄至出栏采用间歇光照，一般采用3小时光照，1小时黑暗交替，24小时循环6次，简称6(3L:1D)。也可采用4小时光照，2小时黑暗交替，24小时循环4次，简称4(4L:2D)。采用间歇光照，鸡群必须具备足够的吃料和饮水槽位，保证肉鸡足够的采食和饮水时间，否则鸡群发育不整齐。

2. 光照强度

最初几天之内给以较强光照，随着鸡日龄增大，光照强度由强变弱。

1～7日龄光照强度为20～40勒克斯，即每平方米3～3.5瓦。8日龄后降到10～15勒克斯，即每平方米2.7瓦。第4周开始必需采用弱光照，只要鸡能看到采食饮水即可，弱光可降低鸡的兴奋性，使鸡群安静，有利于生长。光照强度为5～10勒克斯，即1.3～0.75瓦／平方米。

（三）光源选择与布局

1. 灯具选择

选用干净的白炽灯或荧光灯（荧光灯，大约是白炽灯的 1/4～1/5 瓦）。以40～60瓦为宜。为了使光照强度分布均匀，不要使用60瓦以上的灯泡。提倡和推荐使用节能荧光灯泡（图5-20）。

2. 灯的高度与分布

网上或地面厚垫料平养时，光照均匀分布在整个鸡舍内，均匀布置灯泡并安装灯罩。灯泡离鸡体的高度为2米左右。灯泡与灯泡的间隔距离为3～3.6米，交错排列，靠墙的灯泡与墙的距离为1.5～1.8米。灯泡不能使用灯线吊挂，应固定位置，以免风吹摇晃使鸡惊恐不安。

图 5-20 网上或地面厚垫料平养光照（图片来源《肉鸡标准化养殖图册》）

层叠笼养条件下，灯泡采用错层设置，在不同高度安装2～3排灯具，以保证给鸡群提供均匀的光照强度（图5-21）。

图 5-21 笼养光照布局（图片来源《肉鸡标准化养殖图册》）

3. 灯具的管理

要经常擦拭灯泡，及时更换坏灯泡。

（四）黄羽肉鸡光照控制技术

根据鸡舍类型和各品种特点参照白羽肉鸡光照制定适宜的光照程序。舍饲规模养殖方式，一般每天光照 16～23 小时，光照强度为 5～20 勒克斯为宜。放养方式，育雏期 0～3 日龄，实行 23 小时光照（白天自然光照，晚上人工补光），1 小时黑暗。4 日龄后每天减少 1 小时，直至自然光照，放养期间，一般不进行人工补光。0～2 周龄，光照强度为每平方米 3 瓦（灯高 2 米，灯距 3 米，带灯罩），3 周后改为每平方米 1～2 瓦。

二、特 点

①适宜的光照能加快肉鸡的增重速度，使雏鸡血液循环加强、食欲增加、有助于钙磷代谢、免疫力增强。但是，如果光照过强或过弱，光照时间过长或过短，都会对鸡产生不良影响。和自然光照比，人工光照的最大优点是能做到人为控制，使光照强度和光照时间达到最适宜的程度。

②连续光照是肉鸡饲养的传统光照方法，其目的是让鸡最大限度地采食，从而获得最高的生长速度，达到最大的出栏体重。前 3 天采用 24 小时光照，目的是使雏鸡在明亮的光线下增加运动，熟悉环境，尽早饮水、开食。4 天后 23 小时光照，1 小时黑暗，目的是适应突然停电，以免引起鸡群骚乱造成鸡群拥挤窒息。光照控制一般是人工定时开关灯泡，并根据光照需要更换灯泡功率大小即可调整光照强度，也可采用照明定时控制器进行自动控制光照。这种光照方法的优点是操作简单，容易掌握。

③间歇光照是标准化肉鸡场饲养肉鸡采用的光照方法，鸡舍安装照明定时控制器，设

定适宜的光照程序，可实现自动控制光照时间，使光照时间保持稳定。此法省电、鸡增重快、饲料转化率高。间歇光照可减少缺氧性疾病的发生，可以降低腹脂，还可以提高氮的利用率。缺点是开放式鸡舍操作困难。

④肉鸡的光照强度不宜过强，过强易发生啄癖，并且鸡的活动加强，耗能多，饲料转化率降低。育雏前期光照强一些，有利于帮助雏鸡熟悉环境，充分采食和饮水，后期弱光可使鸡群安静，限制活动量有利于增重，也可减少或防止啄癖的发生。

⑤光照时间的长短及光照强度对黄羽肉鸡的生长发育和性成熟有很大影响，合理的光照制度有助于提高黄羽肉鸡的生产性能使其性早熟。适宜的光照时间和强度可以促进黄羽肉鸡的性成熟，使其上市时冠大面红。

三、成　效

科学合理的光照对肉鸡骨骼、内脏的生长和免疫系统的发育有益，消耗能量也少，同时减少了猝死和腹水的发生。在育雏阶段，合适的光照设置和分布可以帮小鸡更加容易找到水、饲料和舒适的地方；在生长阶段，光照可以调节体重增长速度，取得最理想的生长效率和提高鸡群健康。实施连续光照时，黑暗 1 小时的目的是为了防止停电，使肉鸡能够适应和习惯黑暗的环境。实行 6(3L:1D) 或 4(4L:2D) 间歇式光照，每天保持 16 ～ 18 小时光照，可以提高肉鸡的饲养效果和饲料转化率，使生产性能达到最佳。

四、案　例

宁夏回族自治区平罗县陶乐镇如明养殖有限公司，占地 1.68 万平方米。其中，老鸡场占地 6700 平方米，建有开放式鸡舍 4 栋，已饲养肉鸡十多年，鸡舍为 12 米 ×45 米，采取平网饲养，每批饲养肉鸡 5000 只，年出栏肉鸡 5 ～ 6 批，品种为科宝 -500，鸡舍内安装了光照控制器，自动控制光照时间。1 ～ 3 日龄每天光照 24 小时。4 日龄至出栏施行混合光照，即白天依靠自然光连续光照，夜间施行 2 小时光照，2 小时黑暗的间歇光照。每日光照 18 小时，每批鸡饲养期 48 天，2011 年出栏肉鸡 6 万只，个体平均重 3 千克，料肉比为 1.85:1。该公司新扩建肉鸡场占地 1 万平方米，建设全密闭式鸡舍 4 栋，鸡舍为 15 米 ×75 米，每批饲养肉鸡 12000 只，已建成鸡舍 2 栋，各饲养出栏肉鸡一批，饲养方式为平网饲养，品种为科宝 -500，鸡舍内安装了光照控制器，自动控制光照时间。1 ～ 3 日龄每天光照 24 小时。4 日龄至出栏施行 4 小时光照，2 小时黑暗的间歇光照。每日光照 16 小时，饲养期 44 天，个体平均重 2.7 千克，料肉比为 1.81:1。

辽宁大成食品科农肉鸡养殖小区，该场占地 1.8 万平方米，于 2009 年建成，总投资 2070 万元，生产区由 3 栋鸡舍组成，每栋长 120 米，宽 12 米，建筑面积 1440 平方米，采用层叠式高密度笼养模式，饲养品种为爱拨益加，安装自动环境控制系统，自动调节光照时间和光照强度。实施连续光照方案，每天光照 24 小时。单栋鸡舍饲养量 5.7 万只，饲养周期 43 天，年产商品鸡 100 万只，平均成活率 95%，每只均重 2.85 千克，料肉比 1.91:1。

安徽皖西麻黄鸡禽业有限公司，占地 12 万平方米，2008 年建成投产，有商品鸡舍 18 栋，

每栋鸡舍长 120 米、宽 11 米，建筑面积 1320 平方米，采用 4 层层叠式笼养，自动化控制光照等环境，施行光照长程序，日光照 18 小时。单栋每批饲养量 37000 只。饲养品种为安徽省优良地方品种—淮南麻黄鸡，饲养周期 120 天，年产商品鸡 100 万只，平均成活率 96%，均重 1.75 千克，料肉比 2.8:1。

第六章 疫病防控技术

第一节 生物安全综合技术

肉鸡场的生物安全危险主要来自于饲养管理不科学，免疫程序不合理，环控条件差、隔离卫生和消毒措施不到位，废弃物管理不严格等因素造成的外界环境病原体的侵入。生物安全综合技术就是通过建立以预防为主的安全体系，采取一切必要的措施，切断病原体的传播途径，最大限度地减少各种致病因子对鸡群造成危害，从而保持鸡只最佳的生产状态，以获得最大经济效益的技术体系，主要涉及隔离卫生技术、肉鸡场消毒技术、废弃物无害化处理技术。

一、隔离卫生技术

（一）概述

通过科学规划与布局、配套相关设施和强化管理，达到保证肉鸡场良好的隔离卫生的目的。

（二）要点

1. 科学选择场址

肉鸡场应选择在地势高燥、向阳背风及排水良好的地方，场区的地面要开阔，有利于鸡场的布局、光照和通风换气。场址应位于居民区和公共建筑下风向，同时符合《动物防疫条件审查办法》的规定。场地土壤要求透水性良好、透气性强、质地均匀、导热性小，未被有机物和病原微生物污染，地下水位不宜过高，以沙壤土建场较为理想。水源要求充足，水质良好且便于防护，能够满足生产、生活及废弃物处理的需要，符合无公害畜禽饮用水水质标准。

2. 合理规划布局

肉鸡场要根据场地的环境条件，按照生产环节合理划分不同的功能区，即生产区、生活区和隔离区。布局时应从隔离卫生的角度出发，建立最佳的生产联系和防疫条件，并按照地势和主风向，合理确定各区的位置。

生产区：生产区包括鸡舍、生产辅助用房。

该区的规划布局要根据生产规模而定，地势低于生活区，并在其下风向，但要高于隔离区，并在其上风向。相邻鸡舍间应有足够的隔离距离，开放式鸡舍间距达到鸡舍高度的5～7倍可满足光照、通风等要求，密闭鸡舍可适当缩小鸡舍间距。净道与污道要严格分开，不能交叉。饲料库建在生产区与生活区交界的地方，可以与生产区围墙同一水平线，既方

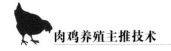

便用饲料推车直接送入，也方便饲料由场外运入，又避免运输车辆进入生产区。

生活区：生活区包括办公室、职工宿舍等。

通过设立隔离墙和消毒通道与生产区严格分开。外来人员和场外运输的车辆只能在此区活动，除饲料库外的其他仓库应设在生活区。该区是与外界联系的主要场所，必须在大门处设置消毒池、消毒更衣室等。

隔离区：隔离区包括兽医室、废弃物处理等区域。

应设在全场下风向和地势最低处，并与生产区保持一定的卫生间距，彼此保持 300 米以上间隔。四周要有自然的或人工的隔离屏障，如深沟、浓密的混合林等。该区设单独的道路与出入口，处理病死鸡只的深埋坑或焚烧炉应严密防护和隔离。堆粪场和污水池要进行防渗、防漏、防流失、防冲刷处理，避免污染环境。

场区绿化：搞好场区绿化，一般要求场区绿化率不低于20%。绿化主要地段包括生活区、道路两侧、隔离带等。

3. 配套隔离卫生设施

肉鸡场周围要建隔离墙或防疫沟，也可利用自然的地形地势形成隔离带，防止闲杂人员和其他动物进入。隔离墙高度2.5～3米为宜或者沿场周围挖深1.8米、宽2米的防疫沟。场区大门设置车辆消毒池和消毒室；生产区入口的消毒程序要比大门处的消毒更加严格，除设大门的消毒设施外，还设有更衣室、洗浴室、消毒柜等；鸡舍入口处设置脚踏消毒池或消毒地垫。

4. 强化隔离卫生管理

制订卫生防疫制度：制定卫生防疫制度并严格执行，是做好隔离卫生工作的基础，减少或杜绝肉鸡场发生疫病的风险。要明文张贴，由主管兽医监督执行。

XT"全进全出"饲养管理方式是防止疫病传播的重要环节，可以消灭环境中的大部分残留病原体，切断病原体在场内的循环传播途径。对于已采用"连续饲养制"的肉鸡场，至少要做到整栋鸡舍的"全进全出"，同时更应加强日常的防疫卫生和饲养管理，要分栋分人饲养，人员和用具不得互串。

经常观察鸡群：饲养管理人员要经常性观察鸡群，以便尽早发现疫情，采取隔离、消毒、紧急接种等相应措施。观察内容包括：鸡只的饮水和采食情况；鸡群的精神状态、羽毛的光泽度、粪便的性状、呼吸的动作和声音等。一旦发现异常，采取必要的措施。

控制人员和物品的流动：肉鸡场应专门设置供工作人员出入的通道，对工作人员及其常规防护物品进行可靠的清洗和消毒，严禁外来人员进入生产区。在生产过程中，要求避免不同功能区内工作人员和工具的交叉使用。物品流动的方向应是从最小日龄鸡群流向较大日龄鸡群，从健康鸡群的养殖区流向患病鸡群的隔离区。

加强引种管理：肉鸡场引种要到有种畜禽生产经营许可证、管理完善、疾病净化彻底、信誉良好的种鸡场订购雏鸡，避免引种带来病原体污染。种鸡场要做好鸡白痢、慢性呼吸道病等疾病的净化工作。

保持鸡舍及周围环境卫生：及时清理鸡舍的污物，定期打扫墙壁、顶棚和设备用具的灰尘，每天进行适当的通风。禁止在鸡舍周围堆放废弃物，加强废弃物管理和无害化处理。

保证饲料和饮水干净卫生，不用发霉饲料，定期对饲喂用具消毒，对饮水系统消毒。

杀虫灭鼠：肉鸡场的害虫包括蚊、蝇和蟑等昆虫。生物杀虫法是通过改善饲养环境，阻止有害昆虫的孳生来消灭害虫的方法，具有无公害、不产生抗药性等优点，被越来越广泛采用，如及时排除积水，清理粪便垃圾等措施。防鼠灭鼠要采取多种措施，在鸡舍墙基、门窗的建造方面增加投入，让鼠类难以藏身；加强鸡舍内外环境卫生，发现漏洞及时解决；大面积投放灭鼠药制成的毒饵，达到灭鼠效果；肉鸡场每3个月进行一次彻底的灭鼠。

二、消毒技术

（一）概述

有效防止病原体的入侵，控制传染源，切断传播途径，从而保障鸡群健康和正常生产的重要技术措施。包括消毒剂、消毒设备的选择，消毒方法，肉鸡场的消毒，消毒效果的检测及保证消毒效果的措施等环节。肉鸡场必须严格做好日常消毒工作，制订切实可行的消毒方案。

（二）要点

1. 消毒剂选择

消毒剂的选择应符合《中华人民共和国兽药典》的规定，并对人鸡安全、对设备不会造成损害、消毒力强、消毒作用广泛、无残留毒性、在机体内不会产生有害蓄积，包括酚类、醛类、醇类、酸类、碱类、卤素类和表面活性剂等。养殖者应根据消毒剂的适用性、消毒剂的使用方法及用途选择合适的种类。

2. 消毒设备选择

消毒设备有高压清洗机、高压喷雾装备、火焰消毒枪、超声波消毒器等，前两种使用较为广泛。高压清洗机主要是冲洗鸡舍、饲养设备、车辆等，在水中加入消毒剂，可同时实现物理冲刷与化学消毒的作用，效果显著；喷雾消毒能杀灭舍内外灰尘和空气中的各种病原体，大大降低舍内病原体的数量，从而减少传染病的发生，提高肉鸡场养殖效益。

3. 消毒方法

物理消毒法：包括机械性清除消毒法、煮沸消毒法及紫外线消毒法等。清除消毒法是通过机械性清扫、冲洗和通风换气等手段清除病原体，步骤为：彻底清扫→冲洗→喷洒2%～4%火碱液→高压水枪冲洗→干燥。煮沸消毒法是利用沸水的高温作用杀灭病原体，用于金属器械、工作服等物品消毒。紫外线消毒法是用紫外线灯照射杀灭病原体，用于消毒间、更衣室及工作服等的消毒。

化学消毒法：包括熏蒸法、喷洒法及浸泡法等。熏蒸法主要用福尔马林、过氧乙酸水溶液等对清洗干净的鸡舍进行封闭消毒，彻底杀灭鸡舍内的病原体。喷洒法主要用于地面、墙壁、舍内固定设备等消毒。浸泡法是利用药物的浸泡杀灭病原体，主要用于器械、用具等消毒。

生物热消毒法：通过堆积发酵、沉淀池发酵、沼气池发酵等产热，达到消毒的目的。

主要用于粪便、污水、垃圾等废弃物的无害化处理。

4. 肉鸡场的消毒

(1) 进入非生产区消毒

肉鸡场大门处必须设置车辆消毒池和人员消毒室。车辆消毒池的宽度与大门相同，长度和池内消毒液的高度能保证入场车辆所有车轮外沿充分浸没在消毒液中，尽可能再设置喷雾消毒设备。车辆消毒池中消毒液可用复合酚制剂和 3%～5% 火碱溶液，要求定期更换保持有效浓度，同时用 0.1% 氯制剂对车辆进行全面彻底喷雾消毒。尽量使用场内车辆，外来车辆一律不能进场。进入肉鸡场的人员必须走专用消毒室。

消毒室要设置消毒装置，如紫外线灯、高压喷雾消毒装置等。其中，高压喷雾消毒装置比较理想，在人员进入消毒室时，即可进行喷雾，使消毒室内充满消毒剂汽雾，人员全身黏附一层消毒剂气溶胶，从而有效地阻断外来人员携带的各种病原体。消毒室地面做成浅池型，池中垫入有弹性的塑料地垫，消毒剂随时适量添加并保持水位，每天更换一次，消毒剂 2 个月轮换 1 次。

(2) 进入生产区消毒

生产区入口应设有洗手消毒、消毒池、淋浴更衣室等设施。严格控制外来人员进入，必须进入生产区时，经批准后和工作人员一样执行严格的消毒程序。经过脱衣→洗澡→更衣换鞋（消毒过的工作衣帽和胶鞋）→紫外线或喷雾消毒的顺序后，通过消毒池，方可进入生产区。工作人员进出不同鸡舍应换不同的胶鞋，并洗手消毒。

(3) 环境消毒

场区周围及场内污水池、排水道出口、清粪口至少每半月消毒 1 次。搞好场区的环境卫生，及时清理场区杂草，整理场区地面，排除低洼积水，疏通水道，消除病原体存活的条件，最好每年可将环境中的表层土壤翻新一次，减少环境中的有机物，以利于环境消毒。定期对场内外主要道路进行彻底消毒，每周至少用 2% 火碱溶液消毒或撒石灰乳 1 次。进鸡前用 0.2%～0.3% 过氧乙酸或 5% 的甲醛溶液对鸡舍周围 5 米以内的地面进行喷洒消毒。

(4) 鸡舍消毒

新建鸡舍进鸡前彻底清扫、冲洗干净后，自上而下喷雾消毒。消毒剂可选用酸类或季铵盐类，如 0.5% 过氧乙酸、0.1% 新洁尔灭等。使用过的鸡舍彻底清扫，清除所有垫料、粪便和污物，移动可以移动的设备和用具，彻底清洗和消毒。鸡舍全面消毒应按排空→清扫→冲洗→干燥→消毒→干燥→再消毒的顺序进行。

排空：实行"全进全出"制的饲养方式，将所有的肉鸡全部清空。

清扫：为防止尘土飞扬，先用清水或消毒液喷洒排空后的鸡舍，然后清扫，对风扇、通风口、顶棚、横梁、墙壁等部位的尘土进行彻底清扫，清除饮水器，饲槽等处废弃物。

冲洗：经过清扫后，用高压清洗机或高压水枪进行冲洗，按照从上而下，从里至外的顺序进行，对较脏的污物，先行人工刮除再冲刷。特别注意对角落、缝隙、设备背面的冲洗，做到不留死角。

消毒：经彻底洗净待干燥后将整个鸡舍喷雾消毒。消毒使用 2 或 3 种不同类型的消毒剂进行 2～3 次消毒。通常第一次使用碱性消毒剂，第二次使用表面活性剂类、卤素类等消毒剂进行喷雾消毒。接鸡前常用福尔马林和高锰酸钾进行第 3 次密闭熏蒸消毒。

（5）带鸡消毒

为提高消毒效果，先要清扫污物，再进行带鸡消毒。冬季喷雾消毒前适当提高舍温 3～5℃，或将消毒液温度加热到室温。鸡群接种弱毒苗的前后 3 天内应停止带鸡消毒。一般每周带鸡消毒 1～2 次，发生疫病期间每天消毒 1 次。喷雾消毒时应关闭门窗，为减少应激的发生，可在傍晚或暗光下进行。喷雾时由上至下，由内至外的顺序进行，喷嘴向上喷出雾粒，切忌直对鸡头喷雾，喷头距鸡体 50～70 厘米为宜，雾粒大小控制在 80～120 微米，每立方米空间用 15～20 毫升消毒剂。配制的消毒液要一次用完，每 2～3 周更换 1 次。常用带鸡消毒的消毒液有 0.1% 过氧乙酸、0.1% 新洁尔灭、0.2%～0.3% 次氯酸钠等。

（6）用具消毒

舍内舍外用具应分开，运输饲料和运载粪污的工具必须严格分开。每次清完粪污后，所有工具应彻底清洗消毒。饮水、饲喂用具每周用 0.1% 新洁尔灭或 0.2%～0.3% 过氧乙酸至少洗刷消毒一次，炎热季节应增加次数。免疫器械每次使用前、后均应煮沸消毒。工作服、鞋帽每天用紫外线照射一次。

（7）饮水消毒

饮水中含有病原体，因此，在饮用前要对饮用水进行净化、消毒处理，减少鸡群发生疫病。主要采用加入消毒药物处理、臭氧处理等方法。

5. 消毒效果的检测

定期对鸡舍空间、地面墙壁及设备用具等进行消毒效果的检测，以保证消毒质量和鸡群安全。杀灭率在 90% 以上为消毒良好，在 85%～90% 为消毒合格，低于 85% 为消毒不合格，必须重新消毒。杀灭率 =（消毒前菌落数 − 消毒后菌落数）/ 消毒前菌落数 ×100%。

鸡舍空间消毒效果检测：在消毒的前后分别将 5 个营养琼脂培养基置于鸡舍的 5 个位置，每隔 1 分钟依次打开平皿盖，在空气中暴露 5 分钟，依次盖好并放入 37℃培养箱中，24 小时后，查菌落数，计算出消毒细菌杀灭率。

地面墙壁、设备用具等消毒效果检测：设定 5 个取样点，在消毒前后分别在取样点上，用无菌棉签涂擦 2 次，然后将棉签浸入 5 毫升灭菌水中，挤压 10 次，吸取 0.2 毫升，向营养琼脂培养基平皿做倾注培养，放入 37℃培养箱 24 小时后，查菌落数，计算出消毒细菌杀灭率。

6. 保证消毒效果的措施

清除污物：在对病原体污染的场所、用具等消毒时，首先清除环境中的杂物和污物，防止这些有机物与消毒剂结合，降低消毒效果。

消毒剂浓度要适当：在一定范围内，消毒剂浓度越大，消毒作用越强。但消毒剂浓度增加是有限度的，盲目增加其浓度并不一定能提高消毒效力，如 70% 的乙醇溶液的杀菌作用比无水乙醇强。

针对病原微生物种类选用消毒剂：根据消毒剂对病原微生物的作用机理及其代谢过程的影响，选择不同消毒剂。不同消毒药品不能混合使用，消毒剂要经常轮换。

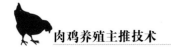

作用温度及时间要适当：温度升高可以增强多数消毒剂的杀菌能力，一般温度升高10℃，消毒力增加 2～3 倍。在其他条件都相同时，消毒剂与被消毒对象的作用时间越长，消毒效果越好。

控制环境湿度：各种气体消毒剂都要求有适宜的相对湿度，如甲醛熏蒸消毒时，环境的相对湿度以 60%～80% 为宜。

消毒液酸碱度要合适：碘制剂、酸类等阴离子消毒剂在酸性环境中的杀菌作用增强，季铵盐类等阳离子消毒剂在碱性环境中的杀菌力增强。

掌握好消毒次数：按疫病流行情况掌握消毒次数，疫病流行时加大消毒频率。

三、废弃物无害化处理技术

（一）概述

肉鸡场废弃物主要包括鸡粪、污水和病死鸡等。集约规模化的肉鸡养殖产生大量易于形成公害的各种废弃物，如何使这些废弃物既不对场内形成危害，又不污染周围的环境，同时能够适当的利用，这是肉鸡场必须妥善解决的重要工作。采用集中堆积生物发酵工艺生产有机肥来处理鸡粪，实现还田利用，是处置鸡粪行之有效的技术途径。通过采用深埋法、发酵法、焚烧法对病死鸡进行处理，杀灭病原体，达到无害化的目的。肉鸡场污水处理主要是把物理的、化学的、生物的净化处理结合在一起，使污水的水质得到净化和改善，从而实现污水的无害化处理和资源化利用。

（二）要点

1. 肉鸡场粪便堆积发酵后农田利用技术

主要采用条垛式堆肥、静态通气堆肥、槽式堆肥等方式进行堆积发酵生产有机肥，用于农作物、蔬菜、果树等种植时的肥料，实现还田利用。好氧发酵过程要符合以下要求：发酵过程温度宜控制在 55～65℃，且持续时间不得少于 5 天，最高温度不宜高于 75℃；堆肥时间应根据碳氮比、湿度、天气条件、堆肥工艺类型及添加剂的种类确定；堆肥物料各测试点的氧气浓度不宜低于 10%；适时采用翻堆方式自然通风或其他机械通风装置换气，调节堆肥物料的氧气浓度和温度（图 6-1）。

2. 病死鸡无害化处理技术

病死鸡要及时处理，密封装袋后用专门车辆运输到隔离区的无害化处理地点，采取深埋、焚烧、发酵等无害化处理措施。

焚烧法：处理病死鸡安全、彻底的方法，尤其是在排水困难或有可能造成污染水源的地方，最好设置生物焚化炉。焚化炉要远离生活区、生产区，并位于主导风向的下方，同时尽量减少烟气对周围环境的影响。

发酵法：将病死鸡与粪便等废弃物一起堆肥发酵，使病死鸡充分腐烂变成腐殖质，并杀灭病原体，达到无害化处理的目的。

深埋法：根据养殖场的饲养量，在远离交通要道、水源且地势高的地方，建一个上小下大，深度至少 2 米以上的混凝土深坑，上面加盖水泥板，并留两个可以可启的小门，通过小门将病死鸡放入，平时盖严锁死。

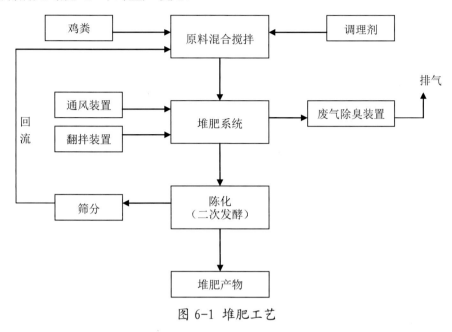

图 6-1 堆肥工艺

无论采用哪种方法处理病死鸡时，都要注意防止病原体扩散。在运输、装卸等环节要避免撒漏，并对运输病死鸡的用具、车辆，病死鸡接触过的地方，工作人员的手套、衣物、鞋等均要彻底消毒。

3. 肉鸡场污水处理技术

肉鸡场污水的来源主要是冲洗鸡舍、刷洗用具的污水，饮水器漏水及生活污水等。主要把物理方法、生物处理方法等结合起来，对污水进行无害化处理。主要工艺如下：污水经格栅沉砂池，去除固体悬浮物进入调节池；调节池中的污水经提升泵定量提升至分离器，将污水中杂质沉淀，并进行污泥干化处理，上清液自流入水解池；在兼氧菌的作用下，将难降解的有机物质分解成小分子、易降解的物质；水解池的出水自流入接触氧化池，通过微生物的作用，最大程度去除水中的污染物质，再自流入沉淀池，最后排放（图 6-2）。

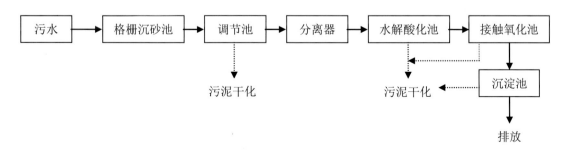

图 6-2 污水处理工艺

第二节 免疫技术

(一) 概述

目前，传染性疾病仍是肉鸡场的主要威胁，免疫接种是预防和控制传染病的重要技术措施，包括疫苗的选择和贮运、免疫操作方法、免疫程序的制订、免疫监测、紧急接种等环节。

(二) 要点

1. 疫苗的选择和贮运

肉鸡场应根据本地区、本场疫病的发生情况，发生程度，鸡群日龄大小及是否强化接种来选择正确的疫苗。对于从未发生过的疫病，不要轻易引入相关疫苗。疫病发生较轻、鸡群日龄小或初次免疫时选有弱毒疫苗；疫病发生程度较严重，鸡群日龄较大或加强免疫时选用毒力较强的疫苗。疫苗在使用前和使用中，必须按照说明书上规定的条件运输和保存。疫苗离开规定环境会很快失效，应随用随取，尽可能缩短疫苗使用时间。疫苗稀释要科学，除需要特殊稀释的疫苗应用指定的稀释液外，其他的疫苗一般可用生理盐水或蒸馏水稀释。大群饮水或气雾免疫时应使用蒸馏水或去离子水稀释。稀释过程要严格按照生产厂家提供的操作程序执行。

2. 免疫操作方法

弱毒苗常用饮水、点眼滴鼻等方法。饮水时，为保护疫苗的效价，饮水中应加入 0.1% ～ 0.3% 的脱脂乳；免疫前根据天气状况应停水 2 小时左右；疫苗液在 1 ～ 2 小时内全部饮完，并保证鸡只都能喝到。滴鼻时，滴头与鸡体不能直接接触；稀释好的疫苗液在 30 分钟内用完。点眼时，滴眼后等鸡做完一个眨眼动作，药液完全进入眼中吸收后再松手。

灭活疫苗和某些弱毒疫苗根据鸡群的日龄选择颈背皮下、胸部浅层肌肉及大腿外侧肌肉注射免疫。皮下注射时，用左手拇指和食指将头顶后的皮肤捏起，局部消毒后，针头近于水平刺进，按量注入。胸肌注射时，应沿胸肌呈30°角斜向刺入，避免与胸部垂直刺入而误伤内脏。注射免疫时吸取疫苗的针头和注射鸡只的针头必须严格分开，避免因免疫注射而引起疫病的传播或引起接种部位的局部感染。

某些弱毒疫苗实施气雾免疫时，应将鸡只相对集中，关闭门窗及通风系统，气雾机在鸡群上空60 ～ 90 厘米处，来回移动喷雾，使气雾全面覆盖鸡群，鸡群背部羽毛略有潮湿感觉为宜。停止喷雾20 ～ 30 分钟，视室温开启门窗和启动风扇。要严格控制雾滴大小，雾滴直径在 60 微米左右为宜，以减少呼吸道症状的副反应。同时为预防副反应的发生，在气雾免疫的前后，可在饲料中添加适当的抗菌药物。

3. 免疫程序的制订

应根据本地区、本场疫病的发生情况，流行特点，疫苗特性及利用免疫监测的结果等实际状况，制订科学合理的免疫程序。同时，免疫程度要具有相对的稳定性，若实践证明某免疫程序的应用效果良好，则尽量避免更改这一免疫程序，若在应用过程中仍有某些传染病流行，则要及时查明原因，并进行适当调整和改进。参考免疫程序见表6-1和表6-2。

表6-1 饲养42日龄肉鸡参考免疫程序

日龄（天）	疫苗	免疫方法
1	马立克氏病疫苗	颈部皮下注射
5～7	新城疫+传支弱毒苗	点眼、滴鼻
	新城疫+禽流感灭活苗	皮下注射
13～15	传染性法氏囊炎中等毒力苗	饮水
19～21	新城疫弱毒苗	饮水

表6-2 饲养120日龄优质肉鸡参考免疫程序

日龄（天）	疫苗	免疫方法
1	马立克氏病疫苗	颈部皮下注射
3	新城疫+传支弱毒苗	点眼、滴鼻
10～12	新城疫+传支+禽流感灭活苗	皮下注射
	鸡痘疫苗	翅膀内侧刺种
15	传染性法氏囊炎弱毒苗	饮水
20～23	传染性法氏囊炎中等毒力苗	饮水
60～70	新城疫+传支+禽流感灭活苗	皮下注射

4. 免疫监测技术

免疫监测是科学评价免疫质量的有效手段，也是摸清鸡群免疫状况，制订免疫接种计划的可靠依据。目前，使用最广泛的是用血清学测定技术来监测免疫鸡群的抗体产生状况、抗体水平和抗体持续时间，评价免疫效果，及时改进免疫计划，完善免疫程序。

5. 紧急接种

在传染病暴发时，对疫区和受威胁区的鸡群要进行应急性免疫接种。紧急接种必须在疫病流行的早期进行；对尚未感染的鸡群既可使用疫苗，也可使用高免血清预防，但感染或发病鸡群则最好使用高免血清进行治疗；必须采取适当的防范措施，防止操作过程中由人员或器械造成传染病的传播和蔓延。

6.注意事项

①免疫前对鸡群进行仔细观察，确定是否可以接种疫苗。发病或鸡群不健康时不适宜接种；在恶劣气候条件下也要调整接种的时间。

②所用免疫接种的器械在使用前后要严格煮沸消毒。废弃疫苗及包装物按照规定进行无害化处理。

③要严格遵守免疫程序，在免疫过程中，避免遗漏接种。

④接种弱毒苗前后几天，鸡群要停止使用对疫苗有影响的药物，以免影响免疫效果。同时，为降低由于接种造成的应激反应，可饲喂维生素类的抗应激药物。

⑤接种后，应注意观察鸡群的接种反应，如有不良反应或发病等情况，要采取适当的措施。

⑥要做好免疫接种的详细记录，包括：接种日期、日龄、数量，所用疫苗的名称、厂家、生产批号、购入单位、接种方法、免疫剂量、操作人员等。

第三节 主要疫病防治技术

1. 新城疫

流行特点：病鸡和带毒鸡是主要传染源，可通过消化道和呼吸道传播。目前，该病呈现了一些新的特点：临床症状复杂，非典型新城疫呈多发趋势；混合感染增多；疫苗免疫保护期缩短，保护力下降等。

主要症状及病变：急性型病鸡体温升高，垂头缩颈或翅膀下垂，鸡冠及肉髯呈暗红色。呼吸困难，口角流黏液，作摇头和吞咽动作。粪便稀薄，呈黄绿色。有的出现神经症状，扭转、腿麻痹，就地转圈。剖检可见腺胃黏膜水肿，乳头间有出血点，腺胃与肌胃交界处出血明显，肌胃角质层下有出血斑。肠道弥漫性出血，盲肠扁桃体肿大、出血、坏死。

防治措施：加强饲养管理，做好肉鸡场卫生隔离和消毒工作，减少疫病传播机会。定期进行抗体监测，制订并执行科学的免疫程序。发生新城疫时，采取隔离饲养措施；对病死鸡及废弃物进行无害化处理；环境和用具彻底消毒，每天进行 1 次带鸡消毒；同时对周围鸡群紧急接种。

2. 禽流感

流行特点：主要通过水平传播，不分季节和日龄的鸡群都可发生，病毒变异率高，免疫效果不确定，临床症状复杂。

主要症状及病变：急性型发病急，死亡率高。食欲废绝，呼吸困难，鸡冠及肉髯发绀，边缘出现紫色坏死斑点，腿部鳞片有出血斑。剖检可见气管黏膜充血，有渗出物。气囊增厚，有黄色纤维素样渗出物。腺胃肿大，乳头有出血点或斑。肠道弥漫性出血，胰腺肿胀出血。

防治措施：采取综合防控措施，严格消毒，做好免疫接种。减少鸡只的应激反应，增强鸡体抵抗力。当发生高致病性禽流感疫情时，坚决执行封锁、隔离、消毒、扑杀工作。发生低致病力禽流感时可采取隔离、消毒与治疗相结合的措施。

3. 传染性法氏囊病

流行特点：肉仔鸡易感性强，可通过呼吸道、消化道及眼结膜接触传染。

主要症状及病变：发病突然，病鸡下痢，排白色水样稀便，粘污肛门周围。食欲减退，精神委靡，羽毛松乱无光泽。发病后 3～4 天达到死亡高峰，呈峰式死亡曲线，以后开始下降。剖检可见病死鸡脱水，胸肌和腿肌有斑状或条状出血。腺胃和肌胃交界处有出血带，肠黏膜出血。肾脏肿大、苍白，有尿酸盐沉积。法氏囊呈胶冻样肿胀，有的肿大2～3倍，有出血斑，内有渗出物，严重者呈紫葡萄样。

防治措施：加强隔离和消毒，搞好鸡群免疫监测工作，根据测定的母源抗体或鸡群的抗体水平制订合理的免疫程序。对发病早期鸡群，可注射高免卵黄抗体，同时配合中药制剂进行治疗。

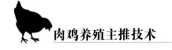

4. 传染性支气管炎

流行特点：任何日龄的鸡都可感染，但雏鸡症状明显，死亡率可达20%左右。主要通过呼吸道传播，也可通过被污染的饲料，饮水及用具，经消化道感染。在应激条件下易诱发本病发生。

主要症状及病变：传染性支气管炎病毒有很大的变异性，血清型多，侵害不同部位，引起呼吸型、肾型、肠型等不同的临床症状。肉仔鸡感染后，表现为咳嗽、伸颈张嘴呼吸，有喘鸣音。气管充血，有浆液性或干酪样分泌物。感染肾型传支时，拉白色稀粪，脱水。肾脏肿大，苍白，呈"花斑肾"，输尿管有白色尿酸盐沉积。

防治措施：加强饲养管理，保证适宜温度和通风换气，避免和减少应激。保持环境清洁卫生，定期消毒。做好免疫接种。发病鸡群可用抗病毒、止咳化痰和平喘的药物对症治疗，有肾型症状时，可给予复合无机盐类或利尿保肾中药。

5. 大肠杆菌病

流行特点：雏鸡易感，病鸡和带毒鸡是主要传染源，传播途径有水平传播和垂直传播两种。在应激条件下可促使本病流行，本病易与其他疾病并发感染和继发感染。

主要症状及病变：根据侵害部位，发病日龄及与其他疾病混合感染的不同情况，表现不同临床症状。雏鸡脐炎：病雏腹部膨大，脐孔不闭合，有刺激性恶臭，排绿色或白色水样稀粪，死亡率可达10%以上。急性败血型：病鸡羽毛松乱，排黄白稀便，肛门污秽，发病率和死亡率均较高。病变可见肝周炎、心包炎和腹膜炎。气囊炎：病鸡表现为甩头、咳嗽，呼吸困难。剖检可见气囊壁增厚，混浊，有黄色干酪样渗出物，腹腔积液，肝脏表面有纤维素性渗出物覆盖。全眼球炎：多发生于舍内空气污浊，表现为眼睑肿大，眼内有脓液或干酪样物，去除干酪样物，可见眼球发炎，多为单侧。肠炎型：病鸡下痢，排黄绿色黏液性或水样稀粪。病变为肠黏膜充血、坏死，肠内容物稀薄并有血性分泌物。

防治措施：从无病原性大肠杆菌感染的种鸡场购进雏鸡，并加强运输过程中的卫生管理。搞好环境卫生，保持鸡舍通风良好，密度适宜，排除各种应激因素，定期消毒。疫苗接种具有较好的预防效果。许多抗菌药物对本病都有一定疗效，但由于耐药菌株的不断出现及血清型复杂，因此在治疗过程中，最好进行药敏试验，根据试验结果选择最佳治疗药物。

6. 慢性呼吸道病

流行特点：通过水平传播和垂直传播两种途径传播，不分季节均可发生，但寒冷季节多发。本病在鸡群中流行缓慢，当鸡群感染其他病原体时或发生应激时，可促使或加剧该病的发生和流行。

主要症状及病变：病鸡流鼻液，咳嗽，呼吸困难有啰音。眼睑肿胀，流泪，眼球受到压迫，可见一侧或双侧眼睛失明。病变主要是鼻腔、喉头、气管内有渗出物。气囊早期浑浊、有增生结节，随着病情发展，气囊增厚，有黄色干酪样渗出物。严重病鸡发生纤维素性心包炎、肝周炎及气囊炎。出现关节症状时，关节组织水肿，关节液增多。

防治措施：做好种鸡群净化工作，从确定无本病的种鸡场引种。加强饲养管理，保持适宜的温湿度和良好通风，做好清洁卫生消毒工作。保证饲料营养全价，减少应激发生。药物治疗时要确定有无并发感染。

7. 球虫病

流行特点：被病鸡和带毒鸡污染的饲料、饮水及用具等都有卵囊存在，鸡食入感染性卵囊而发病。各种日龄都可感染，但雏鸡多发。饲养管理条件不良时易发病，潮湿多雨及气温较高的季节多发。

主要症状及病变：急性型病鸡消瘦，冠、肉髯及可视黏膜苍白。排水样稀粪，并带有血液。如是盲肠球虫病，开始粪便为棕红色，后为完全的血便。慢性型病程长，临床症状不明显，病鸡逐渐消瘦，间歇下痢。盲肠球虫病，两侧盲肠肿大，充满凝固暗红色血液，盲肠上皮变厚或脱落。小肠球虫病，主要损害小肠前段和中段，肠壁扩张、增厚，有严重坏死，肠腔内积存凝血。

防治措施：加强饲养管理，合理搭配日粮，提高鸡体抵抗力。搞好清洁卫生，保持鸡舍干燥通风，定期清除粪便并进行无害化处理。治疗球虫病的药物较多，为防止耐药性产生，在治疗时要选择有效药物交替使用或联合使用。

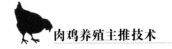

第四节 兽药安全使用技术

（一）概述

兽药作为预防、诊断和治疗畜禽疾病或者有目的地调节畜禽生理机能的物质为养殖业发展发挥了重要作用。但是，由于养殖者对兽药的合理使用和有关规定缺乏了解，对药物残留的危害性认识不足，盲目追求生产利润，随意在饲料中添加某些药物，又不遵守休药期，导致动物源性食品药物残留问题较为严重，本技术重点对肉鸡场兽药安全使用作出指导。

（二）要点

1. 科学饲养管理，增强鸡群免疫应答能力

提供优质饲料，保证营养供给，饲料添加剂的使用要严格按照农业部有关饲料和添加剂标准的规定执行；实行"全进全出"管理方式，加强饲养管理，保证鸡舍通风良好及温湿度适宜，养殖密度合理，保持适宜的光照，减少各种应激的发生，增强机体抵抗力；做好卫生防疫工作，定期消毒，减少病原体的侵入，防止鸡只发病和死亡，及时淘汰病鸡，最大程度减少化学药品和抗生素的使用。

2. 科学制订免疫程序，实施强化免疫

肉鸡场要根据本地区、本场疫病发生流行情况（疫病流行种类、季节、易感日龄）、疫苗性质（疫苗种类、免疫方法、保护期）和其他情况制订适合本场的免疫程序。免疫后抗体达不到保护水平的应及时补免，避免发生免疫失败现象。坚持定期对鸡群进行抗体水平监测，制订有针对性的免疫程序，从而有效控制各种疾病的发生，减少用药量。

3. 严格药物使用

肉鸡疾病以预防为主，必要时经准确诊断后用药。在对肉鸡进行预防、治疗疾病时所用的兽药必须符合《兽药质量标准》《兽用生物制品质量标准》等规定。所用兽药必须来自具有《兽药生产许可证》和产品批准文号的生产企业，或者具有《进口兽药许可证》的供应商。要按照其说明运输、保存和使用，并遵守规定的用法用途，使用剂量、疗程及注意事项等。建立兽药使用管理制度，实行专业兽医人员处方用药，禁止用违禁兽药。严格按药物的使用范围及休药期时限操作。

（1）选用适当的用药方法

混饲给药：将药物均匀混入饲料中，让家禽吃料时能够同时吃进药物。适于长期投药、不溶于水的药物及加入饮水中适口性差的药物。

应用混饲给药应注意：药物与饲料的混合必须均匀，常用的混合方法是将药物均匀混入少量饲料中，然后将混有总药量的饲料再加到一定量饲料中充分混匀，经过多次逐级稀释扩充，保证混合均匀；掌握好饲料中药物的浓度，要按混饲给药剂量，准确计算出所用药物的量混入饲料中；药物与饲料混合时，应注意饲料中添加剂与药物的关系，如长期应

用磺胺类药物则应补给维生素 B_1 和维生素 K，应用氨丙啉时则应减少维生素 B_1。

混饮给药：将药物溶解于水中，让鸡只自由饮用。适用于短期用药，紧急治疗，鸡不能采食、但还能饮水时的投药。

应用混饮给药应注意：掌握药物的溶解度，易溶于水的药物用混饮给药效果较佳，而难溶于水的药物如经加热、搅拌或者加助溶剂，使其溶解度达到预防和治疗效果时，也可以用混饮给药；掌握混饮给药的时间，在水中不易被破坏的药物，其药液可以让鸡只全天自由饮用，在水中易被破坏的药物，应要求在一定时间内饮完，一般需断水 2～3 小时后给药，让鸡只在一定时间内充分饮到药水；掌握药物的浓度，根据鸡群的饮水量，按药物浓度，准确计算药物用量，先用少量水溶解计算好的药物，等药物完全溶解后再混入计算好的水的容器中。

气雾给药：选择适用气雾给药的药物，要求使用的药物对鸡只呼吸道无刺激性，而且又能溶解于其分泌物中；要控制微粒的粒度，微粒越细进入肺部越深，但在肺部的保留率越差，大多易从呼气排出，影响药效，微粒较粗，则大部分落在上呼吸道的黏膜表面，未能进入肺泡，因而吸收较慢，综合研究的结果，进入肺部微粒粗细以 0.5～5 微米为最适合；掌握药物的吸湿性，要使微粒到达肺的深部，应选择吸湿性慢的药物，要使微粒分布到呼吸系统上部，应选择吸湿性快的药物；掌握气雾剂的剂量，不能随意套用混饲或混饮给药浓度，要按照鸡舍空间，使用气雾设备要求等，准确计算用药剂量。

（2）掌握药物的选择及使用的原则

治疗某种疾病时，要选择疗效好、不良反应小、价廉易得的药物。合理用药必须做到几点：明确诊断，对症治疗，不可滥用药物；熟悉药物性质，正确地选择药物，制订合理的给药方案；合并用药及重复用药要合理；预期药物的疗效和不良反应，随时调整给药方案；强调综合性治疗措施，加强饲养管理，改善鸡群体况，增强机体免疫力，纠正水、电解质平衡失调等。

（3）进行药敏试验

在应用抗菌药物防治疾病时，要选用高敏药物，如有条件，应做药敏试验。将含有药物的纸片置于已接种待测菌的固体培养基上，抗菌药物通过向培养基内的扩散，抑制敏感菌的生长，出现抑菌环，根据抑菌环的大小，判断细菌对药物的敏感度。选择抑菌环最大的抗菌药物进行对症治疗，从而减少无效药物的使用。

4. 做好用药记录

建立用药使用记录，包括兽药名称、生产企业、使用剂量、用药起止时间、用药效果、有无毒性反应及休药期执行情况等。做好用药记录可帮助养殖者考核药物质量及在发生争议后提供用药情况证明，有利于防止产生抗药性和药物残留。

参考文献

[1] 杨红杰, 陈宽维. 中国家禽遗传资源保护、研究与开发利用 [J]. 中国禽业导刊, 2010, 27(20): 28 ~ 32.

[2] 章双杰, 于吉英, 冯中伟. 国家级优质肉鸡配套系"潭牛鸡"的选育 [J]. 中国家禽, 2012, 34（增刊）: 85 ~ 88.

[3] SAUVANT D, PEREZ J. TRAN G. 饲料成分与营养价值表 [M]. 谯仕彦, 王旭, 王德辉, 译. 北京: 中国农业大学出版社, 2005.

[4] 程志斌, 樊月圆, 张红兵等. 丝兰提取物与枯草芽孢杆菌对肉鸡舍臭气影响 [J]. 饲料研究, 2012, 7: 25 ~ 27.

[5] 李万军. 丝兰提取物对肉鸡生长及舍内氨气量的影响 [J]. 饲料研究, 2012, 8: 49 ~ 51.

[6] 全国畜牧总站. 百例畜禽养殖标准化示范场 [M]. 北京: 中国农业科学技术出版社, 2011.

[7] 郑雅文. 科学养鸡金点子 [M]. 沈阳: 辽宁科学技术出版社, 2000.

[8] 顾敏清. 光照时间对肉鸡生产性能的影响 [J]. 中国家禽, 2011, 33（7）: 55 ~ 56.

[9] 魏刚才, 胡建和等. 鸡场疾病控制技术 [M]. 北京: 化学工业出版社, 2006.

[10] 黄春元. 最新家禽实用技术大全 [M]. 北京: 中国农业大学出版社, 1996.

[11] 傅胜才. 新编兽药使用手册 [M]. 长沙: 湖南科技出版社, 2011.